干扰水文学

罗开盛 著

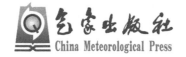

气象出版社
China Meteorological Press

内 容 简 介

　　人类活动和气候变化是影响水文过程的两大主要驱动因素。自第四纪以来,人类对全球水文系统的干扰不断加强,很多是彻底、深刻和无法逆转的。我国的水文干扰实践已经走在世界前列,其规模之大、时间之长、范围之广、投入之巨,世界其他各国无法比拟。然而,人类水文干扰方面的理论却远远落后于实践,缺乏专门用于指导人类水文干扰行为的系统理论。相对气候变化的水文效应而言,人类活动对水文系统的影响过程、机理以及二者互反馈机制相关的定量研究比较冷门和零散。而由于其自身理论的局限性,传统水文学无法完整地刻画人类对水文系统的干扰过程。因此,急需构建新的理论,系统研究人类活动对水文系统的干扰规律,并专门用于指导人类的水文干扰行为。基于此,本书综合利用水文学、心理学、生态学、地理学、经济学、社会学、历史学等众多自然和人文社会科学的相关知识,创立了人类水文干扰理论,揭示了人类活动对水文系统干扰的机制、过程和阶段,系统阐述了人类对水文系统进行科学合理干扰的流程以及优化管理策略;厘定了干扰水文学的理论基础、研究方法、学科框架、核心研究问题。此外,本书还嵌入了实证研究,内容涉及总人类活动的量化以及森林管理、农业管理、生态工程等对水文的干扰研究,旨在为干扰水文学的具体研究提供一定参考。本书首次提出并阐述了人类水文干扰理论,首次提出建立干扰水文学的构想,是首部人类水文干扰理论和干扰水文学的科学著作。

　　本书可以作为水文学及水资源管理、水利工程、地理科学、生态科学、环境科学、农林科学、土地管理等相关专业的研究生、教师以及科研与技术人员的参考书。

图书在版编目(CIP)数据

　　干扰水文学 / 罗开盛著. -- 北京 : 气象出版社,
2021.10
　　ISBN 978-7-5029-7541-8

　　Ⅰ. ①干… Ⅱ. ①罗… Ⅲ. ①水文学 Ⅳ. ①P33

　　中国版本图书馆CIP数据核字(2021)第176497号

干扰水文学
Ganrao Shuiwenxue

出版发行:气象出版社

地　　址:北京市海淀区中关村南大街46号	邮政编码:100081
电　　话:010-68407112(总编室)　010-68408042(发行部)	
网　　址:http://www.qxcbs.com	**E-mail**:qxcbs@cma.gov.cn
责任编辑:黄海燕	**终　审**:吴晓鹏
责任校对:张硕杰	**责任技编**:赵相宁
封面设计:艺点设计	
印　　刷:北京建宏印刷有限公司	
开　本:787 mm×1092 mm　1/16	**印　张**:10.5
字　数:266千字	
版　次:2021年10月第1版	**印　次**:2021年10月第1次印刷
定　价:80.00元

本书如存在文字不清、漏印以及缺页、倒页、脱页等,请与本社发行部联系调换

前　　言

　　自第四纪人类诞生以来,人类对地球的干扰不断加强,很多是彻底、深刻和无法逆转的。而水文系统作为自然地理系统之一,也在其中。对水文系统的干扰,可以说是随处可见。小到一亩半分地的农田灌溉,大到全球最大的调水工程——南水北调工程的完成,它们都对水文系统产生了或大或小,甚至是彻底的干扰。因此,深入理解人类活动对水文系统和水文过程的影响机理以及水文系统的反馈机制尤为重要。科学管理和调控人类的水文干扰行为是可持续发展以及人与自然和谐共处的题中之义,也关系到个体和社会各群体的生产、生活。

　　气候变化和人类活动是影响水文系统的两大主要驱动力。气候变暖的相关研究一直受到学者的高度关注,其对水文系统的影响持续成为研究热点,也取得了重大的进展。相比之下,人类活动对水文系统和水文过程的影响以及二者互反馈机制的研究比较"冷门"和零散,也远远滞后于实践。

　　水循环过程是联结水圈、大气圈、生物圈、岩石圈等地球各大圈层的纽带,一旦水文系统损害,整个地球将会面临重大危机。事实上,水文系统的损害往往是有意识或无意识的人类活动所引起的。相对气候变化,人类活动更具有可控性,且人类具有主观能动性,能够管理自己的行为。那么顺着这个思路往下想,管理好人类活动就能够最大可能地减少人类对水文系统的损害。因此,为了水文系统的可持续发展,人类需要规范、管理、调控自己的水文干扰行为。而发展系统的人类水文干扰理论以及专门的干扰水文学学科,是指导人类科学合理地进行水文干扰活动的前提和基础。

　　实践需求推动科研的发展,而科研需要服务于实践。国家的需求对科研导向具有重要引领作用。尽管国家之间有共性问题,但是各国都有着自己的国情,很多并不属于共性或同样紧迫的问题。这导致了它们对科研领域的投入和优先关注度并不一样。人类的水文干扰实践在全球并不平衡。对于中国,水文系统的干扰已经走在了世界前列,其规模之大、时间之长、范围之广、投入之巨,是世界其他各国无法比拟的,比较典型的是"三北"防护林建设(号称"绿色长城")、世界上规模最大的调水工程——南水北调工程。然而,作者通过长期的调研发现,人类活动对水文系统干扰的相关理论研究远远滞后于水文干扰实践。在此背景下,如果等着西方国家提出相关理论并用于指导我国的实践显然不太现实。在具体的水文干扰过程中,特别是大型水文干扰行为中,决策者或者管理者往往缺乏系统和理论的指导,他们往往依赖于经验,如采用过饱和的保险方式。这些方式是否科学、是否有效,还需要经过系统的科学论证。

　　传统水文学尽管相对其他学科还是一门年轻的学科,但是在过去的 100 年左右时间里也取得了重要进展。传统水文学主要以自然水文系统为阵地,偏重研究自然水文过程的科学原理,而人类被抽象为质点,没有思想也没有意识。而事实上,人类对水文的干扰涉及人类社会和水文两个系统,主体是人,客体是水文系统,人类对水文的干扰整个过程中都带有人类思想、认知和心理。由于传统水文学对人类的质点化,因此无法去表达和阐明人类对水文系统的干扰过程,更不可能去发现其中的规律,也谈不上为人类的水文干扰行为提供科学有效的指导。人具有社会性,受到社会各种因素的影响;同时,水文系统处于自然地理环境当中,受到水文环境的影响,而水文系统和自然地理环境相当复杂,而且水文过程和其他自然地理过程大多是无形的。由此可见,人类活动和水文系统的互馈过程显得相当复杂和隐性。因此,急需构建系统研究人类活动干扰与水文系统相互作用机理,探索人类活动对水文系统干扰规律,并科学有效指导人类干扰行为的新理论与新学科。

在多年科研、调研以及酝酿基础上,著者产生了撰写一本著作,提出"干扰水文学"名称并创立"人类水文干扰理论"的想法。著者希望竖起"干扰水文学"这杆大旗,给予同仁和青年一代启迪,希望他们感兴趣并从事相关的研究。这样,"干扰水文学"的涓涓细流,汇集来自四面八方的来水,最终会成为奔流到海的大江大河。

尽管著者首次提出"干扰水文学"这一专业术语,首次创立"人类水文干扰理论",并撰写国内外首部《干扰水文学》的论著,但该理论与学科并非空降,而是无数科研人员长期研究打下了重要基础,著者正式提出,系统梳理并深化扩展而成。在此之前,已经有不少前辈在研究不同干扰类型,特别是农业活动、生态工程、水库大坝,对水文要素和水文系统的影响。这其实是在无意识地进行干扰水文学的相关研究,为人类的水文干扰活动提供了不少的理论基础,客观上推动了《干扰水文学》的产生与"人类水文干扰理论"的形成。

本书综合利用水文学、心理学、生态学、地理学、经济学、社会学、历史学等众多自然和人文社会科学的相关知识,提出了"人类水文干扰理论",厘定了干扰水文学的理论基础、研究方法、学科框架、核心研究问题,揭示了人类活动对水文系统干扰的机制、过程和阶段,系统阐述了人类对水文系统进行科学合理干扰的流程以及优化管理策略,并通过实证研究进行了更加具体的引导。本书第1章为绪论部分,主要阐述"人类水文干扰理论"与干扰水文学内涵、基本概念、发展脉络等;第2~4章分别阐述"人类水文干扰理论"与干扰水文学的水文学和地学理论、系统理论和心理学相关理论的基础;第5章系统解析干扰水文学研究的核心问题,明确提出人类对水文系统干扰的3个过程和5个环节;第6章详细阐述干扰水文学学科构建的相关内容;第7~9章分别系统阐述人类如何对水文系统初步干扰、干扰震荡评估和再次水文干扰;第10章和第11章讨论总人类活动与土地利用的关系及其量化方法;第12章专门研究战争对水系统的干扰;第13~17章属于实证研究部分,内容涉及总人类活动的量化以及森林管理、农业免耕、生态工程等对水文的干扰研究,使得干扰水文学更加具体,为干扰水文学的研究提供借鉴。

本书由国家自然科学基金委员会青年项目"大尺度流域水稻免耕的产量与环境效应及其空间差异评估(编号:41801200)"、中国科学院A类战略性先导科技专项"美丽中国生态文明建设科技工程"(编号:XDA23040503)和中国科学院重庆绿色智能技术研究院自主部署项目

"气候变化和人类活动影响下长江上游流域水循环过程演变机理研究（编号：2020000062）"三个基金项目共同资助出版，在此表示感谢；同时要感谢我的中国科学院精密测量科学与技术创新研究院的硕士导师、中国科学院地理科学与资源研究所的博士导师、中国科学院重庆绿色智能技术研究院的同事以及其他相关学术同仁对本著作出版的大力支持。

由于著者水平有限，加之本书属于国内外首部干扰水文学论著，难以找到直接借鉴和参考，书中错谬之处在所难免，敬请读者不吝指正。

罗开盛

2021 年 5 月 25 日

目　　录

第1章 绪   论

1.1 干扰内涵与表征维度

1.1.1 干扰定义

干扰的英文单词是"disturbance",中文含义是"平静的中断,正常过程中的打扰或妨碍"(周道玮 等,1996)。"干扰"一词首先出现在物理学中,后被引入教育学、工程科学、管理学、生态学等其他各研究领域。其中,它在生态学中的出现比较频繁,许多学者从生态角度对"干扰"一词进行了相关定义。Grime(1979)认为干扰是"通过引起植物部分或全部结构变化而限制植物生物量的机制"。Bazzaz(1983)认为干扰是自然景观基本表现单元的突然变化,这种变化能通过种群的明显改变表述出来。Sousa(1984)认为干扰是一个对个体或个体群(无性系)产生的不连续的、间断的杀死或代替或损害,这种作用能直接或间接为新的有机体定居创造机会。Pickett 等(1985)认为干扰是一个偶然发生的不可预知的事件,是在不同时空尺度上发生的自然现象。Godron(1986)将干扰定义为显著地改变系统正常格局的事件。Mackey 等(2001)将干扰定义为来自生态系统外部的一种驱动力,它常常是突然而且不可预测的,它持续的时间通常短于两个连续干扰事件所间隔的时间,它能导致生物体的死亡或者严重破坏有机体,并且改变资源的可利用性。

尽管以上对"干扰"定义的侧重点不一样,但是可以总结出"干扰"的关键内涵。其一,相对于一个系统而言,干扰是系统的一个外部驱动因子,而不是内在驱动力。其二,时间维度上是不连续、间断甚至是突发的,并不是一直伴随着系统的演化始终。其三,在结果上需要对系统的结构、功能、过程或者组成成分产生影响。基于此,从水文角度定义干扰(水文干扰)是指在时间序列上一个中断水文状态,并改变水文过程或水文要素的间断的事件。以往生态学将干扰区分为无人为活动介入的自然环境下发生的自然干扰和人为干扰两类。对于水文系统而言,人类未出现之前的确存在无人为活动介入的自然环境下发生的自然干扰,但是自从第四纪人类诞生以后,各种干扰几乎都是直接或者间接地受人类活动影响,人类活动对水文系统的干扰是全面而彻底的,纯粹的自然干扰并不存在。因此,本书中的干扰是指人类的水文干扰。

1.1.2 表征维度

水文干扰用 13 个维度进行表征,分别是干扰主体、干扰类型、干扰方向、干扰尺度、干扰面积、干扰强度、干扰持久度、干扰周期、干扰频率、干扰时空布局、干扰心理、干扰预期和干扰震荡。

(1)干扰主体

尽管干扰活动的发出者都是人类,但不同主体的特征和心理存在差异,对水文系统的干扰过程及其互馈机制不尽相同。从社会关系的水平和层次上看,干扰主体可分为个人、群体和社会。从法律地位上可以分为法人和自然人,法人包括政府、企业、事业单位等,而自然人是个体。

（2）干扰类型

按照人类活动的类型,可将干扰分为生产干扰、生活干扰、社会政策干扰和战争干扰。生产干扰是人类从事生产活动而对水文系统所产生的干扰,主要包括农业活动干扰、生态工程干扰、造林砍伐干扰、水利工程干扰等。社会政策干扰是指社会制度、政策等生产关系对水文系统所产生的干扰。生产干扰是干扰的主要类型,直接对水文系统产生作用。而社会政策干扰间接地对水文系统产生干扰。战争可以直接也可以间接对水文系统产生干扰。

（3）干扰方向

干扰方向是干扰事件本身加强/衰退的趋向,如果干扰相对参照基准增大增强,则为正向,反之则为负向。

（4）干扰尺度

干扰尺度是指在多大范围内进行干扰,例如田间尺度和流域尺度的水循环过程存在差异,干扰的水文过程就不一样。干扰尺度一般有景观、流域、区域和全球等尺度。

（5）干扰面积

干扰面积是干扰事件所直接作用的空间范围。干扰面积和干扰尺度不一样,例如干扰尺度是流域（12 万 km^2）,干扰面积可能只有 2000 km^2。

（6）干扰强度

干扰强度是指单位物理量上所承受的干扰。单位物理量可以是有形的也可以是无形的。例如,每单位面积上所承受的干扰就是有形的,而每国内生产总值所承受的干扰就是无形的。选用有形单位物理量还是无形单位物理量主要取决于所要研究的问题和研究目的。

（7）干扰持久度

干扰持久度是指一个干扰事件从开始到结束所持续的具体时间长度。根据干扰的定义,干扰的时间总的来说都相对比较短,否则干扰因素就会转化为水文系统的非干扰因素。

（8）干扰周期

干扰周期是上一次干扰事件开始到下一次相同类型干扰开始的时间。人类有些水文干扰活动具有自然周期性,例如,农业活动,这主要源于自然的物候节律。

（9）干扰频率

干扰频率是指在单位时间内所干扰的次数。

（10）干扰时空布局

干扰时空布局是指水文干扰行为在空间和时间上的安排。在空间上存在重点、次重点和非重点之分以及敏感区、次敏感区和不敏感区之分,这些都需要进行空间布局。

（11）干扰心理

干扰的实施主体是人,因此在干扰实施的始末都伴随着心理过程。干扰心理是指干扰过程中干扰者的心理反应、心理活动和心理规律。

（12）干扰预期

人具有主观能动性,能够改造世界,而这种能动性的一个重要表现是人类活动具有目的性。因此,人类活动对水文系统的干扰是有预期的,而不是漫无目的。当然,有些时候人类活动的干扰引起的水文系统的结果超出了预期,或者是一些附属结果,但这并不妨碍人类预期目的的实现,以及人类实施干扰前对水文系统变化的预期目的设定。

(13)干扰震荡

干扰震荡是指某一干扰事件对水文系统(包括整个水文系统、单一水文要素)所产生的影响。干扰震荡是矢量,既具有方向(影响方向)也具有大小(影响量)。

1.2 水文系统与水文过程

水分循环与水量平衡是水文学的两大基本规律,地球上的各种水体通过水文循环紧密地联系在一起,对水循环的研究是水文学研究的核心内容(芮孝芳,2013)。

1.2.1 水分循环及成因

自然环境中,水的各种现象的发生、发展及其相互关系和规律,称为水文。由于水的比热容大,其潜热特性对环境具有重要作用;水和大气相结合,决定着自然环境的水热分配;地球重力赋予水一定的功能,使之起着某种塑造地表形态的作用;更重要的是水滋养着生物界,是生命的源泉。因此,各种水文过程实质上成为自然环境内部各圈层相互联系的纽带(刘南威 等,2007)。

地表水、地下水和生物有机体内的水,不断蒸发和蒸腾,化为水汽,上升至空中,冷却凝结成水滴或冰晶,在一定条件下,以降水的形式落到地球表面。降落于地表的水又重新产生蒸发、凝结、降水和径流的变化。水的这种不断蒸发、输送、凝结、降落的往复运动过程称为水分循环。

水分循环是内外因共同作用的结果。内因是水的气态、液态和固态"三态"变化,它为水分循环过程的转移、交换提供了可能。外因是太阳辐射和地球重力。太阳辐射的热力作用为水的"三态"转化提供了条件;而太阳辐射在地球表面的分布不均匀性和海陆热力性质差异,造成气压差,引起空气的流动,为水汽的移动创造了条件。地球重力使得水从高处向低处流动,从而实现了水分循环。

整个水分循环过程包括蒸发、降水、径流 3 个阶段和水分蒸发、水汽输送、凝结降水、水分下渗、径流 5 个环节(图 1.1)。水分循环通过这 3 个阶段 5 个环节,使天空与地表、地表与地下、海洋与陆地之间的水相互交换,使水圈内的水形成一个统一的整体(刘南威 等,2007)。

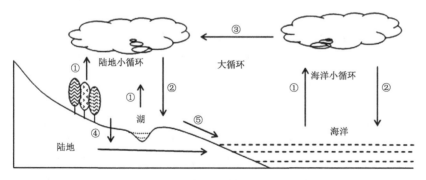

图 1.1 水分循环示意图

(①代表"水分蒸发";②代表"凝结降水";③代表"水汽输送";
④代表"水分下渗";⑤代表"径流")

1.2.2　水分循环类型

地球上的水分循环,根据路径和规模的差异,分为大循环和小循环(图1.1)。水分大循环是指从海洋表面蒸发的水汽,被气流带到陆地上空,在适当的条件下,以降水的形式降落到地面后,其中一部分蒸发到空中,另一部分经过地表和地下径流又回到海洋。水分大循环又称为海陆间循环。它是由许多小循环组成的复杂水分循环过程。小循环是指水仅在局部地区(海洋或陆地)内完成的循环过程,进而又可分为海洋小循环和陆地小循环。海洋(陆地)小循环是指从海洋表面(陆地上)蒸发的水汽,在空中凝结,以降水形式降落回海洋(陆地)上的循环过程(刘南威 等,2007)。

1.2.3　水分循环的意义

水分循环对全球水分和热量的重新分配具有重要作用,它和气候过程相互联系,从而影响区域气候的两大主要方面——气温和降水。水分循环不仅具有物质"传送带"的作用,而且具有地表物质机械搬运的作用,同时也是地表有机和无机化学元素迁移的动力。水分循环也是生物有机体维持生命活动和生物圈构成复杂的水胶体系统的基本条件,起着联系无机界和有机界的纽带作用。总之,水分循环如自然环境的"血液循环",沟通了地表各大圈层的物质交换,促使各种联系的发生。

1.3　水文系统与水系统的关系

1.3.1　内涵

水文系统是上述提到的3个阶段和5个环节形成的客观水循环过程系统。而水系统是国际地球系统科学联盟(ESSP)于2004年,在推动成立"全球水系统计划(GWSP)"中首先正式提出的(夏军 等,2018)。水系统是由以水循环为纽带的三大过程(物理过程、生物与生物地球化学过程和人文过程)构成的一个整体,而且内在地包含了这三大过程的联系及相互作用(Alcamo et al.,2005;夏军 等,2018)。

1.3.2　区别和联系

水文系统和水系统都将水循环的3个阶段和5个环节作为重要的理论基础(图1.2);同时都强调3个阶段和5个环节的水循环在地球环境中的纽带作用。但是二者具有很大的差别,具体如下:

(1)边界范围不同:水文系统从本质上讲就是3个阶段和5个环节周而复始的循环系统。这种水循环是联系地球各大圈层的纽带。而水系统的三大过程几乎覆盖了地球的大气圈、水圈、生物圈、土壤圈、岩石圈等各大圈层,近似于地理综合体,范围在水文系统基础上大幅度向外扩展。

(2)内涵有着本质差别:水系统将人文过程作为系统的重要过程,将人类活动作为系统本身所固有的重要组成部分。而干扰水文学认为3阶段5环节的水循环过程是客观自然的过程,从地球诞生以来就有,只是第四纪以后,出现了人类,对这种水循环过程产生了干扰。从整个历史长河来看,人类活动是第四纪以后才有,它不是伴随水循环产生而诞生,时间相对短暂;同时,人类活动的作用尽管不断增大,在不同层次对水循环产生了深刻影响,但是相对自然的力量而言,人类的力量还是较小,人类始终不能改变水循环的大规律。因此,干扰水文学将人类活动作为水循环的外部干扰,而不是内在组成部分。

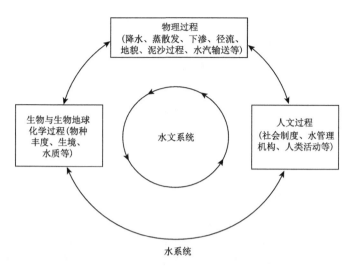

图 1.2 水文系统与水系统的关系

1.4 干扰水文学相关研究进展

1.4.1 不同干扰类型的水文效应

1.4.1.1 农业活动对水文系统的干扰

尽管农业干扰类型较多,但是农业活动干扰对水文系统的干扰研究主要集中在免耕、休耕和轮作等耕作措施对水文系统的影响。径流是营养物输出的主要载体,因此径流的变化和营养物输出有着重要联系。例如,研究表明,相对于传统耕作,由于免耕能够捕获更多的降雨、抑制土壤流失、提高土壤团聚性、大空隙能增加水分的下渗等原因,从而引起水稻免耕减少了径流量。

研究免耕、休耕和轮作的水文效应主要在田间尺度上开展,采用大田试验方法。由于尺度效应的存在,站点试验结果无法上推到区域和流域。为了解决这一难题,近年来,一些学者尝试利用模型在大尺度上模拟免耕、休耕和轮作对农田水文系统和流域水文过程的研究。从研究结论上看,免耕相对于传统耕作,能够捕获更多的降雨、减少地表径流速度,增加水文下渗,提高土壤含水量。和种植区相比,休耕降低了整个作物生长季的蒸散量,减少了作物耗水。轮作的水文效应主要集中在研究不同轮作模式下的土壤水分效应,研究表明,轮作对土壤含水量具有重要影响,不同轮作模式的土壤水分效应存在较大差异。免耕、休耕和轮作的水文效应主要为了研究这些耕作措施对粮食产量的影响而附带阐述,因为土壤肥力和作物营养状况是产量的主要影响因子,而水和肥是一个耦合过程。

1.4.1.2 生态工程对水文系统的干扰

为了应对一系列的生态环境退化状况,很多国家通过实施生态工程以恢复和重建包括水文系统在内的地理环境,其中比较典型的是中国。自 1998 年以来,中国在生态保护工程规模覆盖了大约三分之二的国土面积,投资达 3785 亿美元(Ouyang et al.,2016;Bryan et al.,2018)。这些工程大大改变了水文系统所在的生态环境,对水文过程产生了重要影响(Chi et al.,2018;Zastrow,2019)。研究表明,生态保护工程对水文过程或者水文要素产生了重要影响,例如,蒸发(Cao et al.,2011;Jia et al.,2017)、土壤含水量(An et al.,2017)、地下水(Long et al.,2020)、产水量(邵全琴 等,2016;An et al.,2017;Jia et al.,2017)等。Deng 等(2012)研究表明,中国的退耕还林还草工程引起地表径流减少了 18%。Sun 等(2019)研究表明,退耕还林还草工程导致黄土高原径流减少。Ouyang 等(2016)研究表明,相比工程实施前,中国2000—2010 年的生态工程提高了 3.6% 的水源涵养能力。由此看来,生态工程对水文系统的干扰主要集中在生态工程水文效应的评估。

1.4.1.3 大中型水利水电工程对水文系统的干扰

大型水利水电工程的建设运行,在推进社会经济发展的同时,水库的蓄丰补枯作用必然会改变河流的天然水文情势(戴明龙,2017)。国内外学者的不少研究表明,水利水电工程的建设、运行对河流水文情势产生显著影响。大中型水库和灌溉工程的修建,使原先的部分陆地变成了水体或湿地,导致蒸发量增加,进而会增加局部的降雨量。水利水电工程尤其是水利枢纽工程的兴建改变了流域水文循环情势,对整个流域产生不同程度的影响。例如,Yi 等(2016)研究表明,水利工程对径流的长期变化趋势产生影响,在水利工程运行后清江流域径流明显减少。Magilligan(2003)对美国 21 个流域的研究表明,修建水利工程会导致河道极端高流量减小。Choi 等(2005)分析了韩国 Hapchon 水库修建后导致水库河道径流特征变化,进而引起下游河道河床的退化。王辉等(2006)研究表明,长江雅砻江和乌江梯级水库对径流的调节作用最为典型,上游水利枢纽有效增加了三峡坝址的枯季径流量。这些研究加深了人们在大中型水利水电工程对水文系统干扰方面的认识,但主要是通过对比水利水电工程兴建前后的水文情势而获得的结论,具有一定的不确定性。因为大中型水利水电工程修建前后气候、自然人文环境也可能发生变化,兴建前后的对比分析可能是各种因素综合作用的结果,而不仅是大中型水利水电工程对水文过程和水文系统的单独贡献。

1.4.1.4 造林/砍伐对水文系统的干扰

由于研究方法的局限性和水文过程的复杂性,国内外学者对造林/砍伐和水文的关系存在较大的争论。而森林和径流的关系一直是国内外学术界争论的问题,争论的焦点是森林的存在是否提高流域的径流量(Zhou et al.,2002;Zhou et al.,2015)。尽管各国政府进行了造林活动和生态工程建设,但森林面积的增加是否增加径流,这一基础的科学问题的研究还比较薄弱和滞后,有待进一步深入研究和探讨。

作为陆地表面最大的自然生态系统,森林通过蒸散发消耗大量的水,进而对森林水文过程和径流产生重要影响(Yu et al.,2009;Wang et al.,2010)。但相关研究表明,森林能够提高空气湿度,增加降雨量,从而增加径流(Wang K et al.,2012)。这就存在一个权衡对比的关系,但这种权衡的结果却存在着矛盾。一部分学者认为可以增加径流,另一部分学者则认为会减少河川径流(Yu et al.,2009;Wang et al.,2010)。近期研究表明,森林植被在雨季削减洪峰和旱季增加产流的作用可能有所夸大,森林植被与径流形成的关系,尚有待于进一步验证(Neary et al.,2009)。也有学者认为出现研究结果不一致,甚至相反的结论是研究尺度的问题,一部分研究在林分和样地小试验的尺度上开展,而一部分研究在景观和区域的宏观尺度进行,而不同尺度的研究方法迥异;也有学者认为是研究区域的环境和区域大小的差异所导致。由此看出,造林/砍伐对水文系统的干扰的研究结果具有很大的不确定性,从新的视角,引入新的研究范式研究二者的关系,或许是新的出路。

1.4.2 干扰水文学相关研究状况

从以往出版的文献可以看出,已经有不少学者在研究不同干扰类型,特别是农业活动、生态工程、水库大坝等干扰,对水文要素和水文系统的影响。这属于干扰水文学的研究内容之一,使得我们能够更好地理解不同人类活动干扰对水文过程的影响过程和机理,为研究人类活动干扰和水文系统的关系提供了重要的理论基础,推动了干扰水文学的产生。然而这种推动作用是一种无意识的附属产物。干扰水文学的发展目前应该处于萌芽阶段。国内外目前并没有相关学者提出"干扰水文学"的概念,也并未见到专门阐述干扰水文学的文献或系统阐述干扰水文学的专著。

研究表明,在过去的 3 个世纪,人口增长了 10 倍(Yuan et al.,2019;Wang et al.,2020)。人类活动极大地改变了地表状况,破坏了地球的能量平衡,对水文系统和水循环产生了深远的影响(Yuan et al.,2019;Wang et al.,2020)。全球很多区域/流域的水文系统处于亚健康、不健康,甚至崩溃状态,这都归因于人类活动的干扰(Yuan et al.,2019;Wang et al.,2020)。而为了消除或者减少人类活动所引起的水文负面效应,维持水文系统的健康可持续发展,人类采取防治结合的办法,重建或恢复破坏的水文系统,保护水文环境,人类活动对水文系统的干扰进一步急剧加大。因此,水文系统变化的驱动力、保护以及负面效应的防治(例如生态恢复工程)都和人类活动干扰有着极为密切的联系。科学有效地实施人类活动干扰,保障水文系统的健康可持续性且为人类提供更好的服务价值已经引起了各国政府的广泛关注。但是在具体实施对水文系统干扰过程中,人类缺乏系统有效的理论指导,往往比较盲目。

1.5 本章小结

水文干扰是指在时间序列上一个中断水文状况,并改变水文过程或水文要素的间断的事件。干扰水文学中的干扰是指人类活动干扰。人类活动干扰可以从干扰主体、干扰类型、干扰方向、干扰面积、干扰强度、干扰周期、干扰频率、干扰持久度、干扰尺度、干扰时空布局、干扰心理、干扰预期和干扰震荡 13 个维度进行表征。水文系统和水系统有着本质区别。水文系统从本质上讲就是蒸发、降水、径流 3 个阶段和水分蒸发、水汽输送、凝结降水、水分下渗、径流 5 个环节周而复始的循环系统。而水系统的三大过程几乎覆盖了地球的大气圈、水圈、生物圈、土壤圈、岩石圈等各大圈层,近似于地理综合体。尽管国内外有不少学者无意识地进行了干扰水文学相关内容的研究,客观上推动了干扰水文学的诞生;但是目前干扰水文学还处于萌芽阶段,迫切需要建立一门系统研究人类活动干扰与水文系统相互作用机理,探索人类活动对水文系统干扰规律,并科学有效地指导人类干扰行为的专门学科。由此可见,建立干扰水文学这一学科是社会实践的呼唤,且具有重要的理论和实践价值。

第 2 章   干扰水文学的水文学与地学理论基础

干扰水文学是水文学的分支学科,同时也是水文学与其他自然科学和人文社会科学的交叉学科。因此,干扰水文学除了需要遵循水文学的基本理论,同时还需要引入和集成其他学科的相关理论与原理。

2.1   人与自然环境关系理论

人类和自然地理环境密切相关。人类的产生和发展依赖于自然地理环境,而人类又是环境演化的能动因素。人类活动的影响,随着人口不断增加和社会生产力不断提高而日益强大,而其中相当多的活动造成了具有反馈性质的环境问题。因此,人类与自然地理环境的相互关系问题成为研究人地关系的重要理论基础。而水文系统属于自然地理环境的重要组成部分,人类活动与水文系统的相互关系是人类与自然地理环境相互关系的题中之义。

2.1.1   人类发展对自然地理环境的影响

2.1.1.1   人类主观能动作用的发展

自然地理环境虽然是人类诞生的摇篮,但也存在着种种束缚人类发展的因素。因此,人类为了自身的发展,总是与自然界进行顽强斗争,克服自然的束缚,力求在更大程度上利用自然、改造自然和控制自然。一部人类的发展史,也是一部人类开发自然的斗争史。

在原始的渔猎时代,人们使用石器采集野果,狩猎动物,以自然界现成的食物为生。这个时期,人类的主观能动作用处于低级阶段,人类完全依附于自然界,自然景观保持着原生状态。从锄耕农业开始,人类进入了农业时代。这一时期,人类发挥了显著的主观能动作用,直接利用人力、畜力以及风、太阳、水等自然能源,仿效自然过程进行农业生产。人们饲养动物,培养良种,使用铁制工具牛耕马种,利用水利灌溉农田,施用有机肥料改良土壤,建立了人工控制的农业生态系统。同时,农业发展也造成了一些消极影响,引起局部环境退化。到了工业时代,人类以矿物能源代替人力、畜力,用各种机器代替手工劳动。由于煤、石油、天然气等矿物能源远比自然能源效能高,社会生产力突飞猛进,人类的主观能动作用得到空前发展。人们减少了对自然的直接依赖,而运用科学技术展开了大规模专业化的自然改造。这个时期,地球表层形成了一个充满人类智慧的技术圈。技术圈是人类用于改造环境的各种技术的总和,是人类出于自身需要而创造出来的人工技术环境(刘南威 等,2007)。技术圈的形成固然给人类社会带来了空前丰富的物质财富,但也使人类赖以生存的自然地理环境陷入了空前脆弱的境地,给人类造成了一系列前所未有的忧患和危机(Stern,2000;刘南威 等,2007)。

总的来说,人类对自然地理环境施加的种种干扰作用及其影响,既有建设性的一面,也有破坏性的一面。

2.1.1.2　人类活动的自然地理效应

人类有组织的、大规模的生产活动改变自然环境的速度是惊人的,其地理效应也是可观的。人类活动对于自然地理环境的影响表现在许多方面,概括起来包括如下五类。

(1)改变地表状态。迄今为止,人类已经开拓了陆地表层的 56% 以上,其中强烈开拓区占全球 15% 以上(李继红,2007;刘南威 等,2007)。人类的各项活动,可以把相当数量的岩石、砂土、水、植物等地表组成物质从一个地方迁移到另一个地方,或从低处搬运到高处。人类的这些活动大大改变了原有的地表状态,并造成一系列的人为景观。例如,城市的建设、水库大坝的修建、矿山的开发、森林的砍伐、植树造林等(Tan et al.,2015)。地表状态的改变也引起了自然地理环境中物质循环及能量转换的改变。

(2)改变物质循环。人类改变物质循环的作用是多方面的,对水的控制则是其中一个重要方面。很久以来,人类为了改变地表水分布不均匀的状况作出了不懈的努力,一是用储水排灌的方法来改变一个流域的水量平衡;二是采取大型调水工程来改变一个或更多的水文网的水量平衡(卡列斯尼克,1960)。地表水的人为汇集,引起水分蒸发加强和降水量增加,从而改变了局部的水分循环。此外,人类活动不断向自然环境中排放污水和废气,也是改变物质循环的一种形式。

(3)改变热量平衡。一定区域的热量收支受到其下垫面状态的影响。而人类活动改变了地表状态,也就相应地改变了地表的反射率和其他热力特性,从而改变了区域的热量平衡(Lu et al.,2015)。森林是一种特殊的下垫面,其气温日(年)较差比林外旷地小,从而降低了气候的大陆属性;而砍伐森林则起了一种相反的作用。城市对热量平衡的影响非常显著,城市热岛效应使其中心区气温高于周围郊区(Manley,1958;Howard,2012)。水库对热量平衡的影响与湖泊相似,由于水的热容量大,使水库及其附近地区气温的日(年)较差小,年均气温也有所提高。据研究,一个水面为 32 km^2 的水库,库区的平均气温比外围区高出 0.7 ℃(Blij et al.,1993;大卫·哈维,2011)。此外,人类大规模生产活动又会向周围发散各种化学物质和微粒,尤其是 CO_2 气体的不断增加,可造成显著的"温室效应"(Blij et al.,1993;大卫·哈维,2011)。

(4)改变生态平衡。人类改变原有的生态平衡,或代之以新的平衡,或破坏现有的生态平衡。例如,人们在广大平原区按照生物圈的组织原理建立的农业生态系统,并没有使自然界的平衡遭受破坏;珠江三角洲特有的桑基鱼塘生态系统更是构成了一个彼此有利、相互促进的生态循环(黄秉维 等,1999;李继红,2007;大卫·哈维,2011);新加坡在城市化过程中十分注意城市布局和环境绿化,创造出了理想的城市生态系统;而在山区大规模毁林开荒,引起严重的水土流失;在森林草原地带大规模毁林开荒和在半草原半荒漠区过度放牧,引起土地沙化或沙漠化等问题,破坏了原有的生态平衡。

(5)改变自然地理过程速率。人类大规模的活动打破了原有的自然生态平衡,迫使自然地理过程朝着新的方向发展。同时,也促使自然地理过程的速率发生变化。有研究表明,在土壤侵蚀过程中,由于人的作用,全球每年每平方千米土地上平均损失的土壤为 1500~85000 m^3;而天然侵蚀的背景值却只有 12~1500 m^3,前者是后者的 57~125 倍(黄秉维 等,1999;李继红,2007;大卫·哈维,2011)。也就是说,由于人类活动,土壤侵蚀过程加快了 150 倍左右。这说明人类活动极大地改变了某些自然地理过程的速率。

由此可见,人类活动对自然地理环境的影响是多方面的,但由于自然地理环境具有整体性,所以人类无论从哪一方面干扰自然,都很可能引起水文环境的改变,进而对水文系统产生干扰。

2.1.1.3　人口增长对自然地理环境的压力

20 世纪以来,世界人口呈现史无前例的高峰状态。80 年代后,人口增长速度依然很快。除去死亡人数,全世界每天约增加 21 万人,每年约增加 7700 万人(Bradshaw et al.,1993)。这是相当惊人的速度(黄秉维 等,1999)。2019 年,世界人口已经超过 75 亿,中国人口超过 14 亿。人口剧增对自然地理环境的压力,首先表现在自然资源消耗量急增,其次是环境加剧恶化。

迄今,人类的食物供应绝大部分还是来自粮食作物,即来自耕地。如果世界人口需要的食物能量为 100,则来自耕地的部分高达 88%(Bradshaw et al.,1993)。占地球陆地面积十分之一的耕地,提供了人类需要的 90% 的食物。可见人类的生存目前还是依赖于耕地。然而,随着人口的增长,全球人均耕地面积日益减少。同时由于人口的激增和物质生产的迅速发展,淡水资源日益紧张。这一方面是由于人口的增加消耗了更多的淡水资源,另一方面是人类活动导致淡水资源遭受污染,水质下降,导致可用的淡水资源减少。森林为人类提供了一系列的生态服务价值。然而有史以来,人类从未停止过森林的砍伐。从新石器时代开始,当人类放牧牲畜,并用刀耕火种的方法进行生产之时,森林便遭到破坏。16 世纪起,森林面积减少速度加快。进入 20 世纪 70 年代,全球森林平均每年减少 1800 万～12000 万 hm²(Bradshaw et al.,1993)。资料表明,1959 年郁闭森林面积还占地球陆地的 1/4,1978 年已减少到约 1/5(Bradshaw et al.,1993)。森林面积大量减少带来一系列的生态环境负面效应,反过来又影响了人类的生产和生活。人口的增长也加剧了能源和矿产资源的消耗,特别是不可更新的有限资源;同时在能源和矿产资源的开采和利用过程中,自然地理环境不断遭到破坏和污染,造成环境质量严重恶化。

2.1.2　自然地理环境对人类发展的影响

2.1.2.1　人类是自然地理环境的产物

人类的进化与自然地理环境密切相关。第三纪晚期是古猿的繁盛时期,同时草原植物开始向森林扩张,森林面积增大。自然条件的变化迫使古猿开始适应新的、较为不利的生活环境。由于自然选择作用,森林古猿中衍生出一支地栖性的草原古猿,对它们来说,求生存的斗争大大复杂化了(刘南威 等,2007)。

草原环境的生活促使它们直立行走和利用前肢抓取物体,并不得不以草原动物作为食物(草原灵长类的杂食性)。这样一来,便引起身体器官功能改变和发达起来,尤其是脑的发达。正是由于各自在不同自然地理环境中生活,草原古猿才按照与森林古猿所不同的道路发展。

当地面生活的古猿不仅学会了使用工具,而且学会了制造工具时,人类就诞生了。当然,最初的人类是原始的,兼有古猿和现代人的特征。爪哇猿人是最古老的、生理结构最原始的人类之一,已能用石头制造工具。北京猿人比爪哇猿人进化晚,他们已经会使用火了。以后人类的发展又经历了古人和新人阶段,大约在 5 万年前逐渐进化成现代世界的各式人种。

在第四纪人类的进化过程中,自然地理环境发生了剧烈的节奏性演变,冰期和间冰期、海侵和海退、地壳上升和下降等自然地理过程和现象交替发生。自然界这种节奏变化曾深刻地影响了人类的进化。原始的人类一方面改造自己的形体和大脑,以适应变化的环境;另一方面又不断扩展到世界各地,以寻求各种适于生存的环境。自然因素加上社会因素的共同作用,人类便产生了各种体质特征不同的人种类型以及不同的地理分布特点。

2.1.2.2 人口质量的自然地理因素

自然地理环境对人口质量的作用,主要表现在对人口健康和素质的影响方面。如前所述,人类是自然地理环境的产物。因此,二者之间必然存在着某种内在的、本质的联系。自然地理环境影响人口质量主要通过物质循环而实现。一方面,人们通过新陈代谢与周围环境不断地进行着物质和能量的交换,从环境中摄取空气、水、食物等生命必需物质,在体内经过分解、同化而形成细胞和组织的各种成分,并产生能量以维持机体的正常生长和发育。另一方面,在代谢过程中,机体内产生各种不需要的代谢产物通过各种途径排入环境中,在环境中又进一步变化,作为其他营养物质而被摄取。许多的元素,经常反复地进行着环境和生物之间的循环过程。因此,人类与自然地理环境在物质构成上有着密切的联系,而环境中某些化学元素含量的多少必然会影响人体的生理功能和健康状况。而环境影响人口素质主要是通过对地区的生活水平、教育水平以及科技发展进程施加影响而实现。

2.1.2.3 人类社会发展的自然地理环境

人类社会的发展不可能脱离周围自然界而孤立进行。马克思主义认为自然地理环境是社会发展非常必要的条件之一,起着加速或延缓社会发展进程的作用。

在社会发展的早期阶段,当人类生产力还十分原始的时候,自然地理环境对社会发展的影响表现得特别强烈。人类早期的社会大分工,便是以自然为基础的。在那些水草丰足适于放牧的地区,逐渐出现了专门从事畜牧业的部落;而在那些土地肥沃宜于垦殖的地区,逐渐出现了专门从事农业的部落。这就是人类历史上第一次社会大分工。社会的分工,促进了生产力的发展。在原始社会生产力的过程中,它是一个重要的里程碑。构成这种社会劳动分工的自然基础,正是自然地理环境的地域差异性。

地表自然界的千差万别,自然资源分布的不平衡,造成了生产条件的差别。这种差别,对人类社会发展必然产生某种有利或不利的影响。一般来说,优越的自然环境有助于加快社会发展进程,恶劣的自然环境则会阻碍社会的发展。亚洲和非洲的一些大河流域气候温和、土壤肥沃、水源充足,有利于人类定居和耕作,甚至在较低的生产力水平下也可能出现剩余产品。历史上这样的大河流域往往形成了古代文明的中心:在北非有尼罗河流域的埃及,在西亚有两河流域的巴比伦,在南亚有印度河流域的印度,在东亚有黄河流域的中国。它们早在公元前3000多年至公元前2000多年就脱离了原始社会,建立了奴隶制国家。世界发展到今天,社会的历程普遍进入了资本主义或社会主义阶段。然而,在南美的亚马孙雨林中,在非洲的丛林中,在太平洋的岛屿上,至今还居住着维持石器时代的原始人群。而他们大都分布在热带区域的孤立环境中,高山、密林、海洋等自然屏障限制了他们与外部社会的沟通,又由于当地的自然条件能满足其原始生活所需,因此抑制了这些原始部落发展生产力的要求。社会发展被自然因素所延缓。

应该指出,在探讨自然地理环境对社会发展的作用时,不能把这一命题与自然条件对生产力分布的作用混为一谈。前者着眼于社会发展的历史长河,后者针对社会生产力的布局。经济地理学认为,自然地理条件对于地区经济差异和地区生产布局经常起着决定性的作用。

还应指出,自然地理环境对人类社会发展的影响,还因生产力发展的不同历史阶段而有所不同。例如,大河、大海和大洋在社会发展的早期阶段是不可逾越的障碍因素,而随着人类科学技术的进步,却渐渐地转变为积极因素。因为造船和航海技术的发展使它们成为沟通世界各地经济联系的重要条件。在过去的很长时间内,石油一直没被生产利用,但现在已作为极其重要的能源和化工原料被广泛使用。

总之,自然地理环境对社会发展起着促进或阻延的作用。这种作用,在社会发展的早期尤为深刻和重要。随着生产力不断提高和自然资源不断开发,社会与其周围自然界的联系日益加深,人类对自然界的影响也日益加强。

2.1.2.4　可持续发展

人类活动干扰对自然地理环境的一系列负面影响,引起了人类对发展道路的反思和探索。终于在 20 世纪 80 年代出现了人类发展道路上的一种划时代的新思路——可持续发展(牛文元,2012)。可持续发展是指既满足当代人的需要,又不损害后代满足其需要能力的发展(赵士洞 等,1996;牛文元,2012)。可持续发展实质上是人与自然关系协调发展的规范。它让人们重新认识人类与自然的关系,促使人类改变旧的思维方式和生产生活方式,进而重新建立新的人地协调发展模式。

2.1.3　人类与自然地理环境的对立统一

人类与自然地理环境的关系,从统一方面看,自然地理环境总是作为人类生存的特定环境而存在。人类与其周围的环境相互联系、相互影响。人类既是自然环境的产物,又受到自然地理环境的干扰。从对立方面看,人类为了生存和不断发展,总是向自然地理环境索取资源,包括自然地理环境给人类提供的整体环境条件以及人类赖以生存的更重要的资源。同时自然地理环境必然存在一些限制人类生存和发展的条件,从而引起人类对自然地理环境的改造。人类的主观要求与自然地理环境的客观属性之间、人类有目的性的活动与自然地理过程之间,都不可避免地存在矛盾。

需要指出的是,自然地理环境有着本身运行的固有规律,而自然地理环境的运行规律是客观存在的,不以人的意志为转移,人类只能改变客观规律的发生条件和影响条件。同时,人类相对自然而言,整体上讲还不是同一量级,自然的力量从历史长河上看是相当大的,而人类很多时候显得比较渺小和脆弱,人类相对自然而言应属于外部干扰。因此,人类应该尊重自然,顺应自然规律,而不是战胜自然。

人类与自然环境对立统一关系的矛盾转化取决于人类对自然地理环境的干扰方式。人类与自然地理环境的对立统一关系,主要通过人类的生产和消费活动实现。因此,当人类采取的可持续的干扰方式,使得人类与自然地理环境之间的物质流和能量流的运转处于平衡状态时,二者关系是统一的,反之则是对立的。

2.2　水量平衡原理

水量平衡是水文学的两大基本规律之一(另一个是水分循环)。根据俄国科学家罗蒙诺索夫的"物质不灭定律",所谓水量平衡,是指任一区域在任一时段内,其收入水量等于支出水量和区域内蓄水变量之和(芮孝芳,2013),即

$$\omega_入 = \omega_出 \pm \Delta\mu \tag{2.1}$$

式中,$\omega_入$ 为收入水量;$\omega_出$ 为支出水量;$\Delta\mu$ 为蓄水变量。在多水期,$\Delta\mu$ 为正值,表示蓄水量增加;在少水期,$\Delta\mu$ 为负值,表示蓄水量减少;在多年情况下,$\Delta\mu$ 为零,表示多年蓄水量平均值保持不变,此时的平均水量为 $\omega_入 = \omega_出$。

　　水量平衡方程式是水分循环的数学表达式,根据不同的区域可建立不同的水量平衡方程。

2.2.1　通用水量平衡方程

　　以陆地上任一地区为研究对象,取其三维空间的闭合柱体,其上界为地表,下界为无水分交换的深度。这样,对任意一个闭合柱体,任一时间内的水量平衡方程为

$$P+E_1+R_1+R_2+\mu_1=E_2+R_1{}'+R_2{}'+q+\mu_2 \tag{2.2}$$

式中,P 为时段内的降水量;E_1、E_2 分别为时段内水汽凝结量和蒸发量;R_1、$R_1{}'$ 分别为时段内地表流入和流出水量;R_2、$R_2{}'$ 分别为时段内从地下流入与流出的水量;q 为时段内工农业及生活净用水量;μ_1、μ_2 分别为时段始末蓄水量。

　　若令 $E=E_2-E_1$ 为时段内净蒸发量,$\Delta\mu=\mu_2-\mu_1$ 为时段内蓄水变量,则上式可改写为

$$(P+R_1+R_2)-(E+R_1{}'+R_2{}'+q)=\Delta\mu \tag{2.3}$$

式(2.3)即为通用水量平衡方程式。

2.2.2　流域水量平衡方程

　　若将通用公式应用于一个流域内,则称流域水量平衡方程。流域有非闭合流域和闭合流域之分。

　　若研究区为非闭合流域(即流域的地下分水线与地表分水线不重合),则通用水量平衡方程式(2.3)中的 $R_1=0$,则其水量平衡方程式为

$$(P+R_2)-(E+R_1{}'+R_2{}'+q)=\Delta\mu \tag{2.4}$$

　　若研究区为闭合流域(即流域的地下分水线与地表分水线重合),则通用水量平衡方程式(2.3)中的 $R_1=0$ 且 $R_2=0$,令 $R_1{}'+R_2{}'+q=R$,其水量平衡方程式为

$$P-(E+R)=\Delta\mu \tag{2.5}$$

　　在多年情况下,蓄水量($\Delta\mu$)趋于零。因此,多年闭合流域的水量平衡公式可写为

$$\overline{P}=\overline{E}+\overline{R} \tag{2.6}$$

2.2.3　全球水量平衡方程

　　地球上多年水量应该保持收支平衡,并无明显增减现象。对于海洋上,多年平均降水量($\overline{P}_洋$)和陆地上流入海洋的多年平均径流量($\overline{R}$)之和应等于多年平均蒸发量($\overline{E}_洋$),其水量平衡方程式为

$$\overline{P}_洋+\overline{R}=\overline{E}_洋 \tag{2.7}$$

　　在陆地上,多年平均降水量($\overline{P}_陆$)与流出陆地的多年平均径流量($\overline{R}$)之差等于多年平均蒸发量($\overline{E}_陆$),其水量平衡方程式为

$$\overline{P}_陆-\overline{R}=\overline{E}_陆 \tag{2.8}$$

　　将式(2.7)和(2.8)相加,可得全球水量平衡方程式为

$$\overline{P}_陆+\overline{P}_洋=\overline{E}_陆+\overline{E}_洋 \tag{2.9}$$

　　即全球的降水量($\overline{P}_全$)与蒸发量($\overline{E}_全$)相等:

$$\overline{P}_全=\overline{E}_全 \tag{2.10}$$

　　从表 2.1 可以看出,全球水量平衡具有以下特点:全球水量是平衡的;海洋蒸发量大于降水量,而陆地蒸发量小于降水量;海洋是大气水和陆地水的主要来源;海洋气团在陆地降水中起重要作用(刘南威 等,2007)。

表 2.1　地球上的水量平衡

区域		水量平衡要素					
		蒸发量		降水量		径流量	
		(km³)	(mm)	(km³)	(mm)	(km³)	(mm)
海洋		505000	1400	458000	1270	47000	130
陆地	内流区	9000	300	9000	300		
	外流区	63000	529	110000	924	47000	395
全球		577000	1130	577000	1130		

2.3　河川径流理论

2.3.1　径流含义

径流是指大气降水到达陆地上,扣除蒸发而余存在地表上或地下,从高处向低处流动的水流。径流可分为地表径流和地下径流。而从地表和地下汇入河川后,向流域出口断面汇集的水流称为河川径流。由不同形式的降水(固态和液态)形成的径流,可分为降雨径流和冰雪融水径流。

2.3.2　径流特征统计量

为了从不同角度认识和量化径流,同时为了比较不同区域的径流特征,需要引入一些具有物理意义的统计量来表征径流。

(1)流量 Q

流量是指单位时间内通过某一横断面的水量,常用单位为 m^3/s。其计算公式为

$$Q = \omega v \tag{2.11}$$

式中,ω 为过水断面面积(m^2);v 为流速(m/s)。流量是河流的最重要特征,也是水文站长时间序列流量观测的主要指标,单位为 m^3/s。

(2)径流总量 W

径流总量是指在一定时段内通过河流某一横断面的总水量,常用单位为 m^3。其计算公式为

$$W = QT \tag{2.12}$$

式中,Q 为流量(m^3/s);T 为时段(如年、月、日、小时等)长(s)。

(3)径流深 R

径流深是指单位流域面积上的径流总量,即把径流总量铺在整个流域面积上所得到的水层深度,常用单位为 mm。其计算公式为

$$R = \frac{W}{F} \times \frac{1}{1000} \tag{2.13}$$

式中,W 为径流总量(m^3);F 为流域面积(km^2);$\frac{1}{1000}$ 为单位换算系数。

(4)径流模数 m

径流模数是指单位流域面积上产生的流量,常用单位为 $dm^3/(s \cdot km^2)$(dm^3 为立方分米)。其计算公式为

$$m = \frac{Q}{F} \times 1000 \tag{2.14}$$

式中,Q 为流量(m^3/s);F 为流域面积(km^2);1000 为单位换算系数(1 m^3＝1000 dm^3)。

(5)模比系数 K

模比系数又称径流变率,是指某一时段径流值(m_i、Q_i 或 R_i 等),与同期的多年平均径流值(m_0、Q_0 或 R_0 等)之比。其计算公式为

$$K_i = \frac{m_i}{m_0} = \frac{Q_i}{Q_0} = \frac{R_i}{R_0} \tag{2.15}$$

2.3.3　河川径流的形成

径流的形成是一个极为复杂的物理过程。降雨径流的形成过程总的来说,是降雨经植被截留、填洼和下渗等损失后,剩余的雨水(即净雨水)在流域上形成地表和地下径流,再经过河槽汇聚,形成出口断面流量的过程。因此,降雨径流的形成过程大体上可分为三个阶段。

(1)流域蓄渗阶段

降水落到流域后,除小部分(一般不超过 5％)降落在河槽水面上的降水直接形成径流外,大部分降水并不立即产生径流,而消耗于植物截留、下渗、填洼与蒸发。这对于径流形成来说,是降水量的损失过程。当降水量满足这些损失量之后,才能产生地表径流。在降水开始之后,地表径流产生之前,这个降水损失过程称为流域蓄渗阶段。

(2)坡地汇流阶段

降水产流后,便在重力作用下,沿着坡地流动,叫坡地汇流,也称坡地漫流。坡地漫流过程中,一方面接收降水的补给,增大地面径流;另一方面在运动中不断地消耗于下渗和蒸发,使地面径流减少。地面径流的产流过程与坡地汇流过程是相互交织在一起的,产流是汇流发生的必要条件,汇流是产流的继续和发展。

(3)河网汇流阶段

坡地汇流的雨水到达河网后,沿着河网向下游干流出口断面汇集的过程,称为河网汇流阶段。此阶段自坡地汇流注入河网开始,直到将坡地汇入的最后雨水输送到出口断面位置。因此,此阶段表现为出口断面的流量过程,是径流形成过程的最终环节。

2.3.4　河川径流的变化

2.3.4.1　年正常径流量

天然河流的水量经常在变化,各年的径流量存在波动,实测多年径流量的平均值,称为多年平均径流量。如果实测年份趋近无穷大,多年平均径流量将趋近一个稳定值,这个值称为年正常径流量。年正常径流量是年径流量总体的平均值。由于年径流量是无限大的,并不能穷尽所有年份,因此用多年平均径流量来代表年正常径流量。年正常径流量是一个稳定值,但并不能理解为不变性。它随着水文环境的变化而变化,在新的条件下,又趋于新的稳定。它能说明河流水资源的多少,是一个地区径流量的代表,是河流开发的依据,也是比较不同河流的重要特征(刘南威 等,2007)。

2.3.4.2　年际变化

由于影响径流的气候具有年际波动,因此,河川径流过程具有年际变化。而水文地理环境的差异,使得这种年际变化十分复杂。研究和掌握河川径流的年际变化,对于流域水文水资源

的综合评估和水利工程的规划设计具有重要意义(刘南威 等,2007)。

2.3.4.3　年内分配

气候不仅具有年际波动,还具有明显的季节性。这引起河川径流也具有季节性变化。径流的季节变化主要取决于降雨和气温的年内变化。在我国大部分地区,冬季是河川径流量最为枯竭的季节,一般径流量不及全年的 5%;春季径流量增加,一般占全年径流量的 20%~30%;夏季是河川径流最丰富的季节,一般可达全年径流量的 40%~50%;秋季径流减少,一般占全年径流的 20%~30%(刘南威 等,2007)。在我国,径流主要集中在夏季。这主要是因为在季风区,夏季降雨集中;而在河流主要靠冰雪融水补给的西北内陆区,夏季气温高,冰雪融水补给充足。

2.4　水文现象的地域分异规律

地理环境各组成成分和整个地理景观,存在着有规律地水平分异的现象,称为地域分异规律(全石琳,1988)。水文现象是地理环境各组成成分对水文因素的影响结果,所以水文现象与地理环境息息相关。同时,水文系统属于自然地理环境的重要组成部分,而自然地理环境具有地域分异。由此相应地也存在着水文现象的地域分异规律。

地域分异的规模有大有小。如水文现象随地球纬度而发生明显差别,以及大山系、大高原、大平原、大湖区等之间的差别,其规模较大;而从流域下游到上游,从河谷到分水岭,水文现象的差异规模较小;一座山、一块丘陵地,甚至不同作物的几块农田之间,水文结构和过程也存在差异,属于小规模的地域分异。在这些不同尺度的地域分异规律作用下,地理环境形成了很多大小不同的地域单元。在这些地域单元的背景下,由于大中小尺度的分异,也相应地形成了一些大中小范围的水文地域单元(水文响应单元),这使得地球各地甚至一个流域范围内,都分化为多等级水文地域的复杂体系。

2.4.1　水文现象的大尺度地域分异

水文现象的大尺度地域分异主要包括三个方面:纬度地带性、经度地带性和地貌分异性(全石琳,1988)。

2.4.1.1　纬度地带性

由于地球的球体形状,引起所接收到的太阳热量沿纬度的不均匀性,形成明显的热量带,如赤道带、热带、亚热带、暖温带、中温带、寒温带、亚寒带和寒带等。这些热量带不仅热力性质不同,而且引起气候、降水、土壤、植被等的差异,于是也就构成了相应的水文特征地带性。而从气候到植被,正是水文现象的主要影响因素。例如,赤道带高温促使对流作用强烈,降水丰富,分化强烈,土壤深厚,雨林植被广泛分布,于是就有相应的蒸发、地下水和径流特征。事实上,各热量分带都有典型的植被型和明显的土壤地带性。湖泊的热力状况、沉积类型、水质成分、沼泽类型、泥炭堆积等,也有明显的地带性表现。不仅如此,海洋的水温、含盐度、水流运动等也存在地带性差别(全石琳,1988)。

因此,地带性表现在影响水文现象的各种成分以及水文特征本身有沿纬度的规律变化,并形成一系列东西向延伸的区域分带,然而这种分带实际上只是与纬线大致平行,因为受下述的地球非地带性因素影响。相应地,水文现象的地带性并非纯粹的纬度地带性,而是叠加有非地带性影响,可称为水文现象的水平地带性。例如,我国年径流深为 50 mm 的等值线自海拉尔起,经齐齐哈尔、哈尔滨、赤峰、张家口、延安、兰州、黄河沿线,止于西藏南部,从东北至西南斜贯全国,大体上与年降水量为 400 mm 的等值线相近,这条线将中国分为东、西两部分(李继红,2007)。东部湿润,径流较丰,主要为农业区;西部干旱,径流很少,主要为牧业区。这一分带就与纬线斜交(李继红,2007)。

2.4.1.2　非纬度地带性

由于地球表面区分为海陆和不同的海陆对比关系,以及大地构造等因素,破坏了纯粹地带性表现的地域分异规律,成为非纬度地带性。由海陆关系构成的称经度地带性,形成沿海和大陆内部明显的气候差别,如季风区降雨充沛而内陆气候区降雨稀少。经度地带性主要影响干湿差异。当经度地带性与纬度地带性的作用大致相近时,例如,我国的东北地区,既存在纬度的热量差异,又存在经度的干湿差异,于是在蒸发、径流等水文因素的地带性分异取决于二者中哪一个占优势,水文现象的分异特征更多地表现为占优势的地带性分异规律。当纬度地带性作用占优势时,则水文现象的地带性分异基本上与纬线平行,但仍有经度地带性的影响。如我国亚热带地区,与自然带相应的水文带,其延伸方向大致与纬线平行,然而其内部也存在着次一级的经度地带差异,东部浙闽因台风侵袭而暴雨影响很大,中部湘赣地区常为伏旱控制,西部川黔降水较均、强度不大(全石琳,1988)。当经度地带占优势分布时,也有明显的经度地带性分异。由大地构造成的非纬度地带性主要包括大山系、大高原和大平原,还有次一级如塔里木盆地、四川盆地、黄土高原等,它们都有各自特有的水文现象地域分异。

2.4.2　水文现象的中尺度地域分异

水文现象的中尺度地域分异是在大尺度地域分异规律的背景上产生的,主要有高地和平原内部因地势、地形而构成的水文现象分异,以及因局地气候而引起的分异和垂直地带所具有的水文现象分异。

2.4.2.1　高地和平原内部分异

高地和平原内部本来在地貌上存在着分异,例如从华北平原走向太行山可划分为滨海平原、洼地、冲积平原、低地、洪积平原、山丘盆地、山麓丘陵、山地等地带。它们在土壤、植被、气候方面的差别而综合构成水文现象分异。例如,滨海平原潜水埋藏浅,排水条件差;洼地分布带排水不良或积水,多盐碱化;冲积平原古河道多,一般排水较好而河间地排水不良;洪积平原河谷较深,降雨量较多,排水良好,洪水不易泛滥又有灌溉条件;山麓盆地受河谷切割,排水过多,冲刷严重,干旱和水土流失严重,等等。

2.4.2.2　地方气候构成的分异

海岸、湖泊、森林、灌溉、都市等都构成特殊的地方气候,从而形成水文现象分异。

2.4.2.3　垂直地带性

随着山地高度的增加,水热条件发生变化,对降水和蒸发有明显的影响,这种垂直方向的分带变化可称为水文现象的垂直地带性。实际上每个山地只要有一定的高度,自下而上的土壤土质、植被等都有不同的分带,将会影响水文现象。例如,黄山、太行山、泰山、峨眉山等都有一定程度的垂直地带性(全石琳,1988)。从山区河谷下部起直到山顶的整个垂直带,称为垂直带谱。各个不同水平地带的山地垂直带谱,特别是其最下部的第一带各不相同。此带的水热条件与此山地所在地的平原状况类似,称为基带。它的厚度一般约 500 m,至于山地在基带以上会有哪些垂直带,则主要与山地高度有关。

2.4.3　水文现象的小尺度地域分异

这是指局部地形、小气候、土质、地表水和潜水的排水条件等构成的小范围内发生的变化。例如,从河谷低处走向分水岭高处,有不同的局地地形、土壤、植被的类型和分布。以丘陵区为例,河谷低处常为水田、塘坝,其上常是旱地,再上则因土层渐薄而为草地、灌木林以至荒坡(全石琳,1988)。它们的蓄渗过程、坡地地表和地下汇流过程都有明显的差异,其产流条件也明显不同,此即小尺度的地域分异。

2.5　本章小结

人类与自然地理环境密切相关。人类具有主观能动性,能够不断地改进生产工具,提高改造自然的能力。人类改造自然能力的不断提高,对地表状态、物质循环、热量平衡、生态平衡和自然地理过程的速率都产生了深刻的影响。而自然地理环境对人类发展产生重要影响,表现在人是自然地理的产物,自然地理环境影响人口质量和社会的发展。总的来说,人与自然地理环境的关系是对立统一的。而这些构成了水文系统的背景和环境,导致水文现象具有纬向和非纬向的地域分异以及区域水文环境的差异。水文系统的水量平衡原理基于“物质不灭原理”而来,是水文系统运行的两大最重要规律之一(另外一个是水循环规律),而河川径流过程是其中重要的水文过程。水文环境和水文系统的区域差异将会导致人类对水文系统干扰过程、互反馈机制具有空间异质性、复杂性和对应的地域分异规律。

第3章　干扰水文学的系统理论基础

3.1　水文系统反馈理论

　　水文系统属于开放系统。开放系统必须依赖于外界环境的输入,输入一旦停止,系统就会失去功能。开放系统如果具有调节其功能的反馈机制,就是系统的输出变成了决定系统未来功能的输入;一个系统如果其状态能够决定输入,就说明它有反馈机制的存在。图 3.1b 就是在图 3.1a 的基础上加入了反馈环以后变成了可控制系统。要使反馈系统能起控制作用,系统应具有某个理想的状态或平衡点,系统就围绕平衡点进行调节。图 3.1c 表示具有一个平衡点的可控制系统(李博,2000)。

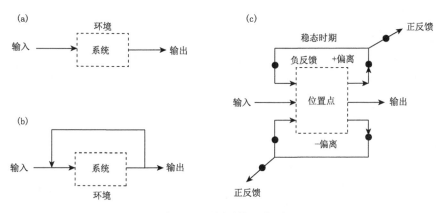

图 3.1　不同系统示意图

　　反馈分为正反馈和负反馈。正反馈是指反馈信息方向与输入一致,促进或加强输入的活动。负反馈是指反馈信息方向与输入相反,抑制或减弱输入的活动。负反馈控制可使系统保持稳定,正反馈使系统偏离加剧(李博,2000;刘南威 等,2007)。例如,流域上中游过度引河道径流灌溉农田,破坏了水循环和水文系统,导致下游河道干涸,然后上中游引水减少。这属于负反馈。而生态工程建设作为水文系统的外部干扰输入,如果反馈信息是获得正向的干扰震荡,即良好的水文效应,生态工程干扰的强度进一步增大,则属于正反馈。但是,正反馈并不能维持系统稳定,系统的稳定需要通过负反馈。因为水文系统是一个有限的系统,空间、物质、信息资源都是有限的。

　　由于水文系统具有负反馈的自我调节机制,所以,通常情况下,水文系统会保持自身的水文平衡。水文平衡是指水文系统通过演化和调节所达到的一种稳定状态,它包括结构上的稳定、功能上的稳定和水量输入、输出上的稳定。水文平衡是一种动态平衡,因为水循环过程总是在不间断地进行。在自然状态下,水文系统耦合生态系统,总是朝着最稳定的状态发展。

当生态系统达到动态平衡状态时,它能够自我调节和维持自己的正常功能,并能在很大程度上消除外来的干扰,保持自身的稳定性。但是,水文系统的自我调节功能有一定的限度,当外来干扰超过了一定限度时,水文系统自我调节功能本身就会受到损害,从而引起水循环失调,甚至产生水文危机。水文危机是指由于人类活动干扰导致局部甚至整个水文系统的结构、功能和水循环过程的失衡,引起水资源匮乏。水文平衡失调的初期往往不容易被人们察觉,因为很多水文要素以及水循环过程看不见摸不着。一旦出现危机,例如,河道干涸、湖泊干涸,可能已经是质变,很难在短时间内得到恢复。为了正确处理人和水文系统的关系,必须认识到水文系统具有自我调节功能,而保持水文系统结构、功能和水循环的稳定是人类生存和发展的基础。因此,如果说人类不可避免需要干扰水文系统,但是需要科学合理,遵循水文规律,注意干扰方式。

3.2　水文系统韧性理论

水文系统在受到外部人类活动干扰时,保持结构与功能稳定的能力,称为水文系统的韧性。水文系统是一个极其复杂的非线性动态平衡系统,它本身具有趋稳性,具备一定的吸收干扰、重组,并从本质上保持相同的结构、识别性和反馈的能力。水文系统的这种韧性主要归因于以下两个方面。

3.2.1　水量平衡原理

水量平衡公式是根据"质量守恒定律"(也叫"物质不灭定律")构建而成,是水循环中最基本和本质的规律。它反映水文系统水分收支情况,是蒸散、地表径流和土壤水分存储等各水文分项变化量与降雨之间的动态平衡。尽管水量平衡的具体计算公式在不同的区域,例如黄土区、灌区存在变化,但是万变不离其宗,而这个"宗"就是一个区域/流域的水分收入等于水分支出。水分的收入主要是通过降水、冰雪融水等,而支出项包括植被截留量、地表径流量、株间蒸发量、植株蒸腾量、壤中流、土壤含水量(土壤有效水净增量)、地下水补给量、基流量等。人类活动干扰导致水文系统任何分量的变化,将会通过水量平衡传递到其他分项,继而影响整个水文系统。一个区域/流域的收入一定时,任何支出分量的变化将会引起其他支出分量的变化。例如,植株蒸腾量(生态耗水)和地下补给量增加,地表径流量很可能会减少。因此,水量动态平衡性决定了水文系统的趋稳性,而这种趋稳性决定了水文系统的韧性。

3.2.2　水文系统与生态系统的耦合特征

水是生命之源,创造了生命,本身也属于生物体内的重要组成部分。水文系统往往和生态系统是耦合的,水文过程往往伴随着生态过程。例如植物的水分循环,水分从土壤溶液进入根部,通过表皮细胞,进入成熟区内部的导管,水分进入茎部木质部里的导管,运输到叶的导管,到达叶肉细胞,通过细胞蒸发出去。这其实就是植株蒸腾过程,在这个过程中,无机盐溶解于水中,随水进入植物体的各个器官中。而生态系统具有韧性,这种韧性集中表现在持久性和适应性两个方面。持久性是指生态系统能够吸收和抵抗一定的外部干扰,保持生态系统内部持续发展的能力。而适应性刻画了生态系统面对外部干扰的恢复能力。生态系统在长期的演化过程中,发展了一些策略来增强自身的韧性。例如,炎热的夏天,为了防止因蒸腾作用导致水分过分散失而枯萎,植物叶片上的气孔会关闭。水文系统与生态系统的耦合特征决定了水文系统也具有韧性。

3.3　水文灰色系统理论

在系统理论与控制论中,人们用"黑、白、灰"这些颜色的深浅来描述信息的明确程度和系统程度。用"黑色"表示信息未知,系统内部结构、特征、参数完全不知道,仅仅靠系统的外部表象来分析;用"白色"表示信息完全清晰,系统内部结构、特征、参数完全确知;用介于"黑"与"白"之间的"灰色"来表示部分信息已知、部分信息未知,即系统信息不完全,系统的这种特性,称为灰色性(Chen,1990;邓聚龙,1991;李学全 等,1996;黄克明,1998)。

系统的不确定性一定程度上由系统信息不完全造成,有以下几个方面:系统的边界和要素不完全明确;系统要素间的相互关系不完全明确;系统的内部结构不完全清晰;系统的作用原理和运行机制不完全掌握。对水文系统来说,其整个运作状况可以视为一个复杂的灰色不确定性系统(邓聚龙,1991;李学全 等,1996;黄克明,1998;陈玥,2010),具体表现在以下几个方面。

(1)水文观测数据信息不完全。首先无法监测所有水文要素和水文过程,目前认为水文过程主要包括 3 个阶段 5 个环节,水文要素主要包括蒸发、下渗、土壤含水量、地表径流、侧向流、产水量等。但这是否完全呢?同时水文要素观测数据不能覆盖任何区域,某一站点的观测值和其他地区都存在差异,一个站点数据代表多大面还不十分清楚,除非站点铺满整个地球表面才能保证全面。因此,观测的水文数据是不完全的,存在不确定性,可以视作灰数。

(2)水文环境对水文系统的影响信息不完全。水文系统受到外部自然地理环境的影响,但是外部自然因子对水文系统如何影响,人类并没有彻底搞清楚,其中的影响规律和机理也没有完全清楚。因此,目前掌握的关于水文环境对水文过程和水文系统的影响的认知是不完全的。这些不完全性,暂时无法获得全部认知的情况下,只能诉诸灰色系统理论。

(3)人们掌握水文系统内部演化信息不全面。世界上没有不能认知的事物,只有尚未被认知的事物。认知具有时代性,在慢慢历史长河中不断深化、扩展、向前推移。人类对水文方面的认知过程也是如此。尽管目前人类对水文系统内部各要素之间的关联、水文过程、水文结构的时空演化研究取得了重要进展,获得了不少的知识和规律,但仍然是不完全的。即使在未来,人类对水文系统相关认知不断提高,但始终无法完全认识水文系统。水文系统始终具有灰色成分。

水文灰色系统理论方法是将水文研究对象(流域、区域或全球)视为一个不确定性干扰并且水文气象信息不完全的系统,运用灰色系统分析观点与理论研究水文循环系统的输入与输出、状态与变量、结构与参数、识别与预测、系统与环境、确定性与不确定性等关系的方法学(夏军,1993)。它是在物理或经典的水文学和近代系统科学之间建立起一个桥梁,试图广泛吸取系统学科的最新知识和新技术,结合水文物理基础理论和实际问题,提出一种交叉学科发展的新途径(夏军 等,1995)。

3.4　本章小结

水文系统是一个具有反馈机制的开放系统。正反馈使得系统的偏离加剧,而负反馈可使系统保持稳定。这种正负反馈的存在使得水文系统具有自我调节机制。水文系统具有韧性,这种韧性来自水量平衡和水文环境中生态系统的自我调节和韧性。水文系统在一定程度上而言也是一个灰度系统,具有灰色成分,主要表现在水文观测数据信息不完全、水文环境对水文系统的影响信息不完全和人们掌握水文系统内部演化信息不全面。

第4章　干扰水文学的心理学理论基础

心理学是一门研究人类的心理现象、精神功能和行为的科学(孙时进,1997)。在人类活动干扰水文系统和接受水文系统反馈信息进而干扰行为的调整和决策等整个过程中都伴随着人的认知、情感、情绪等各种心理活动。人类一直在探索自身与周围环境的关系。正是在代代相传的探索与思考过程中,人类不断解释环境,解释自己,同时不断利用和改造环境,维持和改善自己的生存条件(Howard,2000)。在这一过程中,人际交往、人与环境之间的相互作用,都直接影响着人所处的环境,也影响着人类自身。环境心理学就是研究环境与人的心理和行为之间关系的一个应用心理学领域(Pawlik,1991;林玉莲 等,2000)。干扰水文学和整个心理学学科体系中的理论都有着密切的联系,只是与环境心理学的研究内容和研究范围重叠度更高。环境心理学本质上是研究人与环境行为过程的心理(Oskamp,2000),而干扰水文学也属于人与环境行为过程。同时人类可以分为个体、群体和社会(郑杭生,2009),个体心理具有一定的特殊性,由于群体和社会是由个体所组成,因此个体心理是群体和社会的心理状态的基础。但是个体与社会的联系往往会影响人的心态和行为,不是每个个体的心理能够上升为群体心理和社会心理,而群体心理和社会心理是个体心理的抽象化和一般化,具有普遍性,对个体心理会产生压力和限制。在水文系统的干扰过程中,既有个体的干扰行为,例如农民的个人灌溉行为;也有群体和社会的干扰行为,例如企业生产引用河道径流的行为、政府的生态恢复和重建工程、跨区域调水工程等。不同主体类型发出的干扰行为以及在对水文系统干扰过程中的心理过程并不相同。限于篇幅,下面列出环境心理学和社会心理学的主要理论。环境心理学和社会心理学分别是环境科学和社会学与心理学的交叉学科。

4.1　个体心理主要理论

4.1.1　应激理论

应激理论认为人们会对所有的应激物作出相应的反应(Mikhail et al.,1984;林玉莲 等,2000)。由于个体的许多应激行为都是针对刺激物的,因此这种反应既指心理方面的,又包括生理方面的(林玉莲 等,2000)。环境应激物与心理、生理应激反应是交互作用的,不仅环境作用于人,人同样也作用于环境。应激理论已被用于对环境应激物如噪声、拥挤、环境压力等做整体研究,用来解释环境刺激对个体行为的影响。

4.1.2　唤起构建理论

唤起构建理论认为个体的不同行为和经验内容与生理活动如何被唤起有关。由于唤起是应激的一个必然反应,因而这一理论与应激理论有相似之处。日常生活中由于高兴或悲伤等都可以引起唤起。研究者可以通过研究唤起的性质来了解唤起及其产生的环境,研究环境与个体心理的关系。

4.1.3　环境超负荷理论

环境超负荷理论将个体作为人—环境关系中的一个重要变量。由于环境提供的信息量大于个体的加工能力，即个体获得的感觉信息超过他或她所能有效处理的能力时，就会出现超负荷现象。当个体从特定环境中获得的信息量太少时，则会造成负荷不足。研究者可以通过了解个体的负荷情况来推知环境的影响。超负荷理论已被用来解释个体的城市生活以及高密度、噪声、拥挤现象。

4.1.4　生态心理观

生态心理观认为个体的行为与环境处在一个相互作用的生态系统中。这个理论强调人和环境都是统一体中的一部分，一方的活动必然会影响另一方。换言之，在这个相互系统中社会因素和个体因素存在着一种动力关系，行为则被视为具有长远和近期目标发展平衡中的一部分。

4.1.5　维度理论

维度理论是奥尔特曼在1975年提出的。他认为拥挤和孤独是同一维度的两个极端。独处的空间太少则会造成拥挤，独处的空间太多则会出现孤独。因此空间行为是调节独处或使其最优化的一种主要机制。根据这个理论，奥尔特曼试图来解释个体的空间行为、领域性和拥有感（孙时进，1997；林玉莲 等，2000）。

4.2　群体心理主要理论

群体是指成员间相互依赖，彼此间存在互动的集合体。从家庭、学校到工作单位，在社会生活中，人们每时每刻都离不开社会群体。人是群体的成员，群体供给人们安全感、责任感、亲情和友谊、关心和支持，群体是个体的价值、态度及生活方式的主要来源。个体在群体中互动，维持了群体的活动，发展了群体的规范，巩固了群体的结构。群体虽然由个体集合而成，但群体是动态的有机的构成。群体心理绝非个体心理的简单累加。群体分为正式群体和非正式群体。正式群体是指有明确规章，成员地位和角色、权利和义务都很清楚并有稳定、正式编制的群体，如机关单位、企业、学校等。非正式群体是指自发产生，无明确规章，成员的地位和角色、权利和义务都不是很确定的群体，如同乡会、集邮协会、读书会等。

4.2.1　群体凝聚力

群体凝聚力是指群体对其成员的吸引力及群体成员之间的吸引力。从定义上可以看出，群体凝聚力分为群体对其成员的吸引力和群员之间吸引力两个层次。群体内部成员的关系很大程度上取决于群体的结构因素。群体的结构指群体界限、群体规模、群体内的沟通网络等。群体的界限可以理解为群体的识别特征。群体规模即群体内成员的数量。群体规模与群体凝聚力有密切联系，能够直接影响成员的情感和行为。这主要是因为：其一，群体规模的大小影响成员的参与程度；其二，群体规模的扩大，不仅使成员参与机会减少，还将导致机会分配不平衡；其三，群体规模扩大超过一定的限度，将影响群体功能的发挥，群体越大，成员间沟通的机会越少，人际关系开始转向群体内的沟通，成员间亲密感下降。沟通网络是指人际沟通的路线形态。成员间沟通机会的多少、渠道是否畅通是影响群体凝聚力的重要因素之一。此外，成员在群体内的互动方式也是影响群体凝聚力的重要因素，例如合作、竞争等。

4.2.2　群体极化

所谓群体极化是指群体成员中原已存在的倾向性得到加强,使一种观点或态度从原来的群体平均水平,加强到具有支配地位的现象。按照群体极化的假设,群体的讨论可以使群体中多数人同意的意见得到加强,使原来同意这一意见的人更相信意见的正确性。这样,原先群体支持的意见,讨论后会变得更为支持,而原先群体反对的意见,讨论后反对的程度也更强。从而最终使群体意见出现"极端化"。因而,按照群体极化假设,群体讨论会使群体的态度倾向朝两极方向运动,使原来不同意见之间距离加大。

4.2.2.1　冒险转移

人们在进行独立决策时,愿意冒的风险较小,倾向于较为保守地选择成功可能性较大的行为。而如果改由群体共同决策,则最后的决定会比个人决策时有更大的冒险性。例如,心理学家柯根等人 1974 年的研究表明,个人单独决策时,倾向于有 70% 的成功把握才能进行投资,而群体决策时所形成的决策把成功的可能性降到了 50%(孙时进,1997;林玉莲 等,2000)。这说明群体决策会接受冒险性高得多的决定。这种群体决策比个人决策更具冒险性的现象,称为冒险转移。冒险转移是群体极化在决策方面的特殊表现。造成冒险转移的原因,主要有以下几个方面。

(1)个体假设群体鼓励富有冒险性的见解。与个人决策的情景不同,群体决策情景为评价情境,个人需要提出一个被群体其他成员所赞赏的选择。如果在决策上显得过于谨慎,个人会担心被群体成员视为胆小、保守、缺乏气概。

(2)责任分散。群体的背景会直接导致个人行为责任意识下降。责任意识下降的直接结果,是使人们的冒险性得到鼓励。有关去个性化的研究也证明,行为责任意识下降时,个人会变得敢于尝试通常被自我控制所抑制的行为。

(3)文化价值倾向于对高冒险性有较高的评价。社会心理学家的研究已经证实,人们倾向于对高冒险性的人有较高的评价。日常生活中的斗牛、空中飞人等冒险活动广为人们赞赏,表演者被视为英雄。这样,在人类的文化价值中,高冒险与英雄气概联系到一起,从而使人们倾向于鼓励冒险。群体的鼓励冒险倾向,也正是来自这种文化倾向的影响。

冒险转移的本质上是群体的"极端化转移"。群体决策也要受到决策内容的影响。在有些方面,群体决策的结果,不是更冒险,而是反而比个人决策保守。诺克斯等人 1976 年的研究表明,在赛马赌博中下注的问题上,群体决定比个人更为保守,押注的数目小于个人决定(孙时进,1997;林玉莲 等,2000)。不过,无论群体决策的结果是更为冒险还是更为保守,它都是群体极化的结果,使一种观点逐渐成了群体的主导观点。

4.2.2.2　群体极化的解释

群体极化发生的首要原因是信息的影响。当群体中一种观点获得了最好的支持解释时,会使某些群体成员被说服,从而使他们改变观点,转向支持这种有说服力的观点,使这一观点在群体中出现极化。辛茨等人 1984 年的研究证明,论据是使一种态度在群体中被极化的重要因素(孙时进,1997;林玉莲 等,2000)。

在信息影响方面,积极的语言参与相比被动地听别人陈述,会引发更多的态度变化。格林沃德 1978 年的研究揭示,积极语言参与可以扩大群体讨论的影响,使人们变得易于接受一种观点而使其极化。个人的投入可以增加人们对一种态度的接受(孙时进,1997;林玉莲 等,2000)。

群体极化的另一解释,是群体讨论会造成规范性影响,使人们在社会比较过程中,去支持与自己观点接近而又较为极端的解释。

4.2.2.3　群体思维

高凝聚力的群体在进行决策时,他们的思维会高度倾向于一致,以至于对其他变通行动路线的现实性评价受到压抑,这种群体决策时的倾向性思维方式,就称为群体思维。

(1)群体思维的表现

从 20 世纪 70 年代初期开始,耶鲁大学社会心理学家詹尼斯就一直致力于群体思维的研究。他细致地分析了美国各界高层决策失误的典型案例,包括 1941 年珍珠港攻击中的美国军队不设防,1961 年美国对古巴的猪湾入侵,20 世纪 60 年代中期的美越战争升级,以及 20 世纪 80 年代发生的航天飞机"挑战者号"的错误发射等。所有这些,都是因最高决策层的失误,造成了巨大的损失。

他发现,在具有高度凝聚力,同时又很少受到外界不同意见直接影响的高层决策小组中常常容易出现为保持意见一致,使不同意见和评论受到压抑的群体思维现象。根据他的总结,导致决策失误的群体思维有以下 8 种表现。

①无懈可击错觉。即过于自信,不认为自己有潜在的危险。詹尼斯发现,出现群体思维的群体都发展到了一种过分乐观主义,他们看不到外来的警告,看不到决策的危险性。

②合理化。群体通过集体将已做出的决定合理化,忽视外来挑战。群体形成决议后,会花更多的时间将决议合理化,而不是对它重新审视和评价。

③对群体的道德深信不疑。即相信自己群体的决策是正义的,不存在伦理道德问题,不理会外界从道德上提出的挑战。

④对于对手的看法刻板化。群体思维的卷入者倾向于认为反对他们的人是恶魔,不屑与他们谈判,或认为他们过于软弱、愚蠢,不能够保护他们自己,群体的既定方案会获胜。

⑤从众的压力。群体不欣赏不同意见。对于怀疑群体立场和计划的人,群体一直处于反击的准备之中,而且常常不是以论据反击,而是以个人嘲笑使其难堪。为了获得群体的认可,多数人在面对这种嘲弄时会变得赞同群体意见。

⑥自我压抑。由于不同意见会显示与群体的不一致和破坏群体的统一,因而群体成员会避免提出与群体不同的意见,压抑自己对决定的疑虑,甚至怀疑担忧是否多余。

⑦统一错觉。自我压抑与从众的结果,是使群体的意见看起来是统一的,并由此造成群体统一的错觉。表面的一致性使群体决策合法化。缺乏不同意见造成统一错觉,甚至可以使最罪恶的行动合理化。

⑧思想警卫。思想警卫的说法是相对于身体安全警卫即保镖提出来的。群体决策形成后某些成员会扣留那些不利于群体决议的信息与资料,或者是限制成员提出不同意见,借以来保护决策的合法性与影响力。

(2)群体思维过程

詹尼斯认为,群体思维会直接导致决策过程出现缺陷。1977 年詹尼斯等人提出了一个理论分析模型(刘蕾 等,2016),概括分析了群体思维从原因到后果的各个环节,如图 4.1 所示。

虽然心理学家希尔 1982 年的研究发现,群体决策并不一定带来群体思维的不良影响,许多时候群体决策比个人决策更好(孙时进,1997;林玉莲 等,2000)。但是,群体思维的确在现实中常常发生,并造成巨大的决策错误。特别是在当今,世界决策智囊团的运用已成为普遍潮

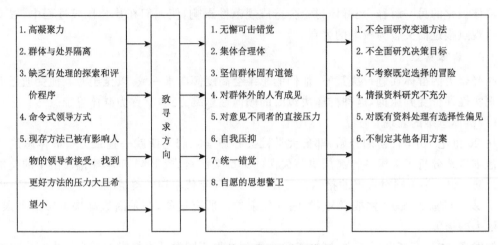

图 4.1　群体思维理论分析模型

流,因而群体思维的危险也比以往更大。多数国家的高层决策,也是以群体讨论的方式最后形成决议。很显然,有效地避免群体思维和群体极化的不良影响,减少重要决策集团的决策失误,无论从群体自身利益,还是从更广泛的社会利益着眼,都具有十分重要的意义(刘蕾 等,2016)。

4.3　社会心理主要相关理论

4.3.1　归因理论

社会知觉、社会印象和社会判断构成了人类认知的完整过程,在这一过程中,对社会行为的原因所做的分析和推论是社会认知的中心,因为即便是最细小的观察也往往包含着原因分析。因此,在社会认知研究的后期,许多学者都开始将注意力集中于对行为归因这一重要的社会判断形式的研究。他们认识到,归因允许人们理解他们的世界并预测和控制个人行为和人际间的行为,以及非人格的和人与人之间的事件。归因的这种特性,使其获得了在社会认知中的核心地位以及在社会行为分析中的重要性。

4.3.1.1　归因的类型和研究

归因,从本质上说是一种社会判断过程,它指的是根据所获得的各种信息对他人的外在行为表现进行分析,从而推论其原因的过程。换言之,归因就是对自己或他人的外在行为表现的因果关系做出解释和推论的过程。这里所说的外在行为表现意指通过感官可以直接观察到的行为表现,包括一个人的某种行为活动及其存在状态。

从归因理论家海德的常识心理学的角度来看,人们的外在行为表现,究其原因不外乎内因和外因两种。内因指内在的原因,即个体自身具有的导致其行为表现的品性或特征,包括个体的人格、情绪、心境、动机、欲求、能力、付出的努力等(刘蕾 等,2016)。这些都是存在和表现于个体自身之中的,是难以通过肉眼而直接观察到的。外因则指外在的原因,即个体自身以外的导致其外在行为表现的条件和影响,包括环境条件、情境特征、他人影响等。这些都是存在和表现于个体自身之外的,是可以通过肉眼观察到的。用海德的话来说:"一个人喜欢某个对象,可能是这个对象讨人喜欢,要不就是这个人本身的原因。"也就是说,"愿望有时归因为人本身,有时则归因为环境"。不过,内因和外因对人们行为表现所起的作用是各不相同的,但两者相辅相成,共同制约着人的外在行为表现的发生和变化。因此,在人的行为表现的原因中总是既包含着内因又包含着外因的,两者之间不存在有无之别,而只有主次之分。

根据原因本身是否具有稳定性,还可以将行为的原因区分为稳定原因和非稳定原因两种。稳定原因指导致行为表现的相对稳定、不易发生变化的各种因素、条件、个体自身的品性和特征,如个体的能力、人格、品质、活动的难易程度等。非稳定原因指容易发生变化、较不稳定的各种因素、条件及个体自身的品性和特征,如个体的情绪、心境、努力程度、机会及环境的影响等。稳定原因和非稳定原因两者与内因和外因是互相交叉的,稳定原因中既有外在原因亦有内在原因,同样,非稳定原因中也包含有内因和外因两种成分。

行为归因是社会认知活动的一个重要组成部分,标志着对他人进行的深层认知的开始,也意味着根据感知获取的表面的、外在的特征和属性来进一步对他人的社会行为进行判断和推论。只是这里的社会判断和推论是关于行为原因的(如对他人面部表情的判断或对他人连续一致的某种行为活动的推论),而不是泛指对他人认知中所包含的各种判断和推论(孙时进,1997;林玉莲 等,2000)。

归因虽然是人的认知活动,是一判断或推论过程,但不同的归因会对行为产生不同的影响,因此,它又具有动机的作用。这种动机的作用产生于归因中所包含的评价成分,换句话说,归因不仅意味着对外在行为表现的解释和说明,还意味着对行为者的评价,由此才对行为者产生动机作用,或者是使其积极努力,或者是使其消极泄气。

社会心理学家最早涉及归因现象是 20 世纪 40 年代中期的事。1944 年,海德和另一位研究者玛丽安·齐美尔在一个外显行为的实验研究中发现,"行动者做出判断的方式与这种对于活动起因的归因密切相关"。他并且富有远见地指出:"这种方法是一种研究一个人如何知觉他人行为的有效方法。"从那以后,海德在研究其人际知觉理论的同时一直关注于归因的研究。1958 年,海德在其代表作《人际关系心理学》一书中,正式谈到了归因现象和归因理论。但是,由于当时人们过多地注意他所提出的认知平衡理论,故而对其归因理论和归因思想未加注意。直到 20 世纪 60 年代,琼斯和戴维斯的《从行动到倾向性——人的知觉中的归因过程》和凯利的《社会心理学中的归因理论》两篇文章发表后,归因研究的重要性和必要性才真正为社会心理学家所察觉。目前,关于归因的研究已被引用或融合到关于人的情绪、动机及其他多方面的研究中(孙时进,1997;林玉莲 等,2000)。

4.3.1.2　归因的主要理论

归因的研究已成为现代社会心理学中社会认知研究的一个最活跃的领域,并形成了多种归因理论,以下是几种主要的理论。

(1)海德的归因理论

海德是最早研究归因理论的学者。他非常关心现象的因果关系。他认为人们需要控制周围的环境,预见他人的行为,只有这样.才能更好地在复杂多变的社会中生活。因此每个人都会致力于寻找人们行为的因果性解释。海德把这种普遍现象称为"朴素心理学"。朴素心理学认为,为了预见他人行为并有效地控制环境,关键问题在于对他人的行为或事件做出原因分析(孙时进,1997;林玉莲 等,2000)。

海德认为,一个人的行为必有原因。其原因或取决于外界环境,或取决于主观条件。如果判断个人行为的根本原因来自外界力量,如个体的周围环境、与个体相互作用的其他人对个体行为的强制作用、外加奖赏或惩罚、运气、任务的难易等,称为情境归因;如果判断个体行为的根本原因是个体本身的特点,如人格、品质、动机、情绪、心境、态度、能力、努力以及其他一些个体所具备的特点等,则称为个人倾向归因。

可以认为,个体的任何行为既有外部原因也有内部原因,是内外两方面原因共同作用的结果,但在每一特定的时刻,总有其中某一种原因起主要作用。海德归因理论的核心在于:只有首先弄清楚其根本原因是内在的还是外在的,然后才能有效地控制个体的行为。

(2)凯利的归因理论

凯利在 1967 年提出了一种颇有说服力的理论(孙时进,1997;林玉莲 等,2000)。他认为人们行为的原因十分复杂,有时仅凭一次观察难以推断他人行为的原因,必须在类似的情境中做多次观察,根据多种线索做出个人或是情境的归因。凯利指出,人们要横跨三个不同的范围来检验因果关系,即客观刺激物(存在)、行为者(人)、所处的情境或条件(时间和形态)。因为这个理论涉及上述三个范围进行归因,故称之为"三度理论"(刘蕾 等,2016)。

凯利的三度理论将外界信息分成三种不同的信息资料,即区别性资料、一致性资料和一贯性资料(表 4.1)。所谓区别性资料,即他人行为是否特殊。所谓一致性资料,即分析他人行为表现是否与其他人一致。所谓一贯性资料,即分析他人特殊行为的发生是一贯的还是偶然的。在对他人行为进行归因时,根据三个不同的范围,沿着上述三个方面的线索,就可以做出正确的归因。

表 4.1　凯利的三度归因理论

特异性	一致性	一贯性	归因于
低	低	高	自己
高	高	低	他人
高	低	低	环境

凯利的归因理论为后人的研究所证实,不过有研究发现,虽然人们使用区别性、一致性、一贯性信息,但他们往往低估一致性信息。

(3)维纳的归因理论

维纳认为,在分析他人行为的因果关系时,除了内在与外在原因之外,原因的稳定与不稳定也是一个十分重要的问题。个体的行为可以归结为许多可能的因素,但都可以把它们归结为内在、外在、稳定、不稳定的四个范畴之中(刘蕾 等,2016)。维纳在 1974 年根据海德的理论,研究了人们对成功与失败的归因倾向,见表 4.2(孙时进,1997;林玉莲 等,2000)。

表 4.2　成功与失败原因分类

稳定性	控制的位置	
	内在的	外在的
稳定	能力	工作难度
不稳定	努力	运气

把个体成功或失败的行为归因于何种因素,对其今后工作的积极性有重要作用。维纳在1974 年的研究表明:把成功归因于内部因素如努力、能力等,使人感到满意和自豪;若把成功归因于外部因素如任务容易、运气好等,使人产生意外的和感激的心情;把失败归因于内部因

素,则使人感到内疚与无助;若把失败归因于外部因素,则会使人产生气愤和敌意;把成功归因于稳定因素如任务容易、能力强,会提高以后的工作积极性;若把成功归因于不稳定因素如运气好、努力,则以后工作积极性既可能提高也可能降低;把失败归因于稳定因素如任务难、能力差,会降低其以后工作的积极性;若归因于不稳定因素如运气不好、不够努力等,则可能提高其今后工作的积极性(孙时进,1997;林玉莲 等,2000)。

4.3.1.3　归因偏差

归因过程往往产生偏差,有些偏差来自动机,有些来自认知方式。归因理论描述的是一种合乎逻辑的程序。换言之,归因理论假设,人们是以理性的方式处理所得信息,他们在利用信息做出结论时是很客观的。实际的情况是这样的吗? 显然不是,至少不完全是。有时候,人们对行为原因的推测既不理性也不合逻辑,甚至有些武断荒谬,即归因偏差。

(1)非动机性归因偏差

非动机性归因偏差是指由于加工信息资料及认识上的原因而导致的归因偏差。常见的有以下几类。

①基本的归因错误。观察者常常是过高估计行为者内在因素的重要性。人们在解释他人行为时,往往贬低环境因素的影响而夸大行为者个人特性作用。

②行为者—观察者偏差。上述过高估计内在因素的倾向,往往并不适用于自我归因。琼斯指出,尽管我们很可能把别人的行为归因于他们的个人特性,但我们却容易相信自己的行为是由于环境造成的,即行为者对自己的行为,倾向于外在归因;而观察者对他人的行为,倾向于内在归因,即行为者—观察者偏差(刘蕾 等,2016)。

对这种偏差的一种解释是:二者的着眼点不同。观察者通常把注意力放在行为者身上,而行为者可能更注意外在因素对自己的影响。图形比背景能引起人们更大的注意是格式塔心理学的一个重要原则,对于观察者来说,行为者的行为吞没了整个背景,成了图像,因此它就会吸引我们将行为的原因归之于它。而对于行为者来说,情境则成了图像,情境吸引我们将行为的原因归之于它。第二种解释是:行为者和观察者得到了不同的信息,从而自然会得出不同结论。行为者对于自己过去和现在行为体验,要比观察者多;而观察者则很少掌握行为者历史方面的信息,只注意他此时此地的行为表现。

③归因中的时间作用。解释并不总是在事件发生的时候就能够作出的,有时在回顾过去的事情时,我们才推断出它的起因。有的时候,在回忆的过程中,我们可能用现在的观点重新解释一件事情。社会心理学家米勒和波特通过他们的研究,提出了这样一种观点:随着时间的推移,归因会变得更加情境化,即人为归因减少、环境归因增多。

(2)动机性偏差—自利偏差

所谓的动机性偏差,是指由于特殊动机或需要而在解释行为原因时出现的偏差。归因过程中最常见的动机性偏差可能是自利性偏差。这种偏差的主要表现是:把自己的成功归结为自己的能力、品质、人格、努力等内在因素,而把自己的失败归之于坏运气、恶劣环境、无法克服的障碍等外在因素。

一般认为,动机性偏差是因人们维护自己自尊心的需要而产生的,即人们把成功归于自己的能力,把失败归因于外在环境是为了使自尊心免受伤害,使面子不至于丢尽。

4.3.2　态度相关理论

态度与行为是一种相互作用的关系,态度可以作用于行为,而行为也反作用于态度。

4.3.2.1　态度对行为的影响

态度决定着行为吗? 一般人们会给以肯定的回答。但在社会心理的早期研究中却有着完全不同的研究结果。有结果表明态度与行为并不一致。也有许多心理学家坚信态度在很大程度上可以预见行为,问题在于应该确定有关的变量,使之得到精确的测量和控制。更多的心理学家还是认为,态度与行为之间存在着相互制约的关系。

4.3.2.2　行为对态度的影响

事实上,不仅态度能够影响行为,而行为反过来也会影响态度,这在现实生活和科学研究中都已经得到了证实。人们的行动可以改变先前的认识、感受和意向,特别是人们觉得自己该对行动负责任的时候,如承担新的社会角色,从事与该角色所规定的行为,也使人们产生新的态度。所从事的行为和扮演的角色会影响其内在态度的变化,这可以从以下三种理论进行相关的解释(孙时进,1997;刘蕾 等,2016)。

(1)认知失调理论的解释。费斯汀格提出,假定人们的行动与其态度相背时,就会产生内在的认知不协调,进而引起心理上的紧张;而为了消除这种紧张,当事者就要努力为自己的行为进行辩护,就会改变原来的态度。人们为自己的行为找到的外部理由越少,越能感觉到认知不协调,就越要改变自己的态度。

(2)自我觉知理论的解释。贝姆提出,假定人们的态度不明朗或是模棱两可时,可以通过观察自己的言行举止来推断自己真正的态度。也就是说,可以通过听自己所说的话,来了解自己的态度倾向。

(3)学习理论的解释。行为主义学家认为,假定人们从事与自己态度不相一致的行为时,会接触到以前没有接触到的信息和感受,或受到行为结果的不同强化或反馈,从而引起态度的改变。

4.3.2.3　影响态度和行为关系的因素

态度和行为并不总是一致。社会心理学的有关研究表明,态度这种内在心理反应倾向对行为仅起准备作用,只决定行为的一种倾向。这种心理上提供的可能性要变成现实性,还必须在特定的社会环境中,依据一定的社会关系和规范来实施或表现。所以说,人们表达出来的态度和表现出来的行为,都要受其他因素的影响。

(1)态度结构方面的因素

从个体有某一特定态度的角度看,态度与行为之间的关系,往往会受到态度本身构成因素,包括其认知因素与情感因素关系的影响。其一,个体对某一事物所持有的态度,如果在认知上的看法和在情感上的体验是一致的,则这种态度与行为就能保持较高的一致性。其二,个体对某一事物所持有的态度,如果是以个体自身的亲身经历、以其直接经验为基础,那么,根据这种态度来预料和推测有关的行为表现,就会有较高的准确性。其三,个体所持有的态度是比较一般的、笼统的、特定的,也与其行为表现密切相关。若个体对某一事物所持的是一般、笼统的态度,事物所做出的行为之间存在着低相关。若个体对某特定的具体事物所持的是明确态度,事物可能做出的行为反应之间应保持高相关。

(2)行为反应方面的因素

从行为反应的特点来看,影响行为与态度一致关系的因素主要包括两种。

①单一行为和多重行为。态度和行为之间的关系未必是一对一的。个体对某一事物持某种态度,但在表露这种态度时所采取的行为方式可能是多种多样的。因此,在考虑态度与行为

之间的关系时,若仅着眼于某一行为,可能会得出态度与行为不一致的结论。但若着眼于多种可能与态度保持联系的行为,就不难得出态度与行为相一致的结论。

②即时行为和长久行为。即时行为是即刻和短时间内做出的行为反应;长久行为是长时间和久远内做出的反应。研究表明,即时行为与态度保持较高的一致性,根据态度来预测即时行为较为准确;而长久行为变化的可能性较大,因而其与态度的一致程度较低,根据态度来预测长久行为则较为困难。

(3)态度主体自身的因素

①态度对象与个人关联的程度。态度所指的对象和事物与态度持有者本人,往往有着不同程度的关联。即态度的对象对态度者本人的生活、工作和学习具有或大或小的影响。如果态度所涉及的对象和事物,与态度者本人的切身利益有着较高的关联,对他的生活、工作和学习有着较大的影响,那么人们对此所持有的态度,就会与其对此所做出的行为反应,表现出较高的一致性。反之,两者的一致性就较低。

②个体自身的人格因素。有些人的态度和行为表现出较高的一致性,有些人则易受他人或环境的影响,其态度与行为之间的变化较大。这种个别差异,与态度者个体自身的人格因素有关。例如,自尊心强的人不容易受他人影响;而自尊心较弱的人则容易为他人所左右。另外,有一些研究表明,具有较高自我控制能力的人,在某种程度上其行为会较少受自己情绪等内心因素的影响,而更多的是根据环境的要求去表现(低一致);而具有较低自我控制行为能力的人,其行为与态度的一致性则会较高一些(高一致)。

4.3.2.4　态度改变的过程

态度改变是指一个人已经形成的态度,在接受某一信息或意见的影响之后,所引起的相应的变化。改变人的态度在现实生活中是常见而重要的。针对各种各样的因素,采取行之有效的方法;针对各种各样因素的变化,做出相应的对策。把握改变态度的方法与技巧,这是态度改变过程中基本的要求。1959 年,美国社会心理学家霍夫兰提出一种以信息交流过程为基础的态度改变模型即说服模型(刘蕾 等,2016),如图 4.2 所示。

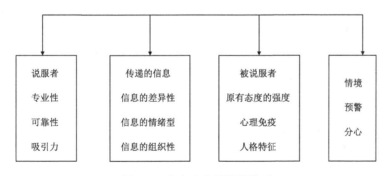

图 4.2　态度改变的说服模型

从图 4.2 可以了解到影响态度改变的各种因素,而说服的效果也是由这些因素的相互关系或作用决定的。霍夫兰指出:任何一个说服过程,都是从某一可见的说服刺激开始的。也就是说,必须有一位信息的传播者,即说服者,他对某一问题有一定的看法,并力图说服他人也持有同样的看法。要做到这一点,说服者必须设计好一套传递的信息,即对传递的信息内容精心组织,对信息传递的方式精心安排,以说服他人相信他的观点是正确的,并诱使和劝说他人放弃原有的观点,从而和他自己的态度相一致(孙时进,1997)。因此,认识到影响说服效果或态度改变的因素是研究说服效果、提高说服质量至关重要的问题。

4.3.2.5　态度的理论基础

(1)认知不协调理论

态度与行为既有一致性,也会存在不一致性。一旦态度与行为表现出不一致,人们常常会出现内心冲突与不安,导致认知上的不协调。认知不协调会造成个体心理上的压力与困扰,产生认知协调的需要与动机,从而导致态度或行为上的改变。

(2)平衡理论

平衡理论的基本思想,与认知不协调理论很相近。海德认为,相互联系的事物组成了一个单元或系统。如果单元内各个方面的动力特征都是相同的,则它处于平衡状态,不存在引发变化的压力。如果单元内各成分不能协同存在,则单元处于不平衡状态。状态不平衡的单元内会存在压力,使认知组织发生变化,以实现平衡状态。

(3)社会影响与社会行为

人作为社会的动物,永远是同社会相联系的,任何一个人都是特定社会的一员,也必定受到社会其他成员及作为整体的社会的影响。社会影响是指在他人作用下,引起个体的信念、态度、情绪及行为发生变化的一种现象。实际上这是一种常见的社会心理现象,其形式多种多样,有的社会影响是强制性的,如法律、法规、学校教育等,有的社会影响是自发形成的,如习俗、流言、时尚等。社会促进和社会干扰是社会对个体社会影响的主要形式,从众现象、服从现象等都是受社会影响表现出的行为现象。社会促进是指一个人从事某项活动时,他人在场会促使他的活动完成,提高他的活动效率,所以又称社会助长。社会干扰是指一个人在从事某项活动时,他人在场会干扰他的活动的完成,抑制他的活动效率,所以又称社会抑制。

从众是由于真实的或想象的群体压力而导致行为或态度的变化。也就是说,从众是个人在社会群体压力下,放弃自己的意见,转变原有的态度,采取与大多数人一致的行为。从众在日常生活中是一种非常普遍的现象,"随波逐流""人云亦云"等都蕴含了从众心理因素。社会心理学家认为,从众行为是由于在群体一致性的压力下,个体寻求一种试图解除自身与群体之间的冲突、增强安全感的手段,实际存在的或想象到的压力会促使个人产生符合社会或群体要求的行为与态度。有时候,个体不仅在行动上表现出来,而且在信念上也改变了原来的观点,从而产生从众行为。服从是指由于受到外界的压力而使个体发生符合外界要求的行为。外界压力来自两方面:一是他人,二是规范。

4.4　干扰水文学中心理学的主要研究主题

4.4.1　人对水文系统和水文环境的知觉、认识和评价

环境心理学家认为,人对自然的基本态度,例如人类中心主义、生态中心主义等,决定了人们对自然的知觉、认识和评价(伍麟 等,2002)。生活在不同文化背景中的人对周围自然有着不同的理解。人们在长期教育和社会化基础上形成的基本价值和信念决定了他们的环境意识和环境行为(Gardner et al.,1996)。水文系统和水文环境属于自然的一部分。那么水文方面的基本价值观和信念是如何形成的?不同水文环境下,人的水文价值观存在差异,进而影响水文干扰行为,那么这种水文价值观差异的主要原因是什么?是水文环境还是社会文化?其中

的内在机理如何? 更重要的是如何提高人对水文系统和水文环境的知觉、认识和评价,进而科学地实施水文干扰行为? 这些都是干扰水文学中心理学的研究主题。

4.4.2　水文方面危险知觉、压力和应激

环境心理学已经有大量研究致力于人类对环境变化应激方面的研究,但是直接与水文相联系的研究几乎没有。水资源短缺、河道干涸、洪涝、干旱等水文异常现象将会对人们产生怎样的心理压力和威胁? 不同的个体和社会群体中是否存在感知和行为上的响应差异? 其中的内在心理机制如何? 例如,上一年的干旱会不会导致来年甚至接下来很多年,当地居民和农民产生心理恐慌,从而在用水和农田灌溉上导致类似于经济学上的"挤兑现象"。干扰水文学中诸如此类的各种问题,都需要从心理学角度去研究和探讨。

4.4.3　水文干扰过程中的认知、动机和社会因素

水文干扰行为往前溯源将会涉及认知和动机。人类有限的水文认知水平和不同的动机造就了无意识和有意识的两种水文干扰行为。人们常常因自利动机因素,对水文问题忽略和缺乏注意力,甚至能预见其后果却有意而为之,这种对水文效应缺乏正常的反馈或许会导致内疚、无助和冷漠。而技术乐观主义被看作拯救这种内疚的一种良方,为诸如"先破坏后治理"的行为寻求精神的解脱。不管是有意识还是无意识的水文干扰行为,在整个水文干扰过程中都融入了人的心理现象、心理活动和心理行为。因为水文干扰行为的主体是人,每个水文干扰环节和过程都离不开人。在水文干扰过程中,要提高干扰效率和科学性,就必须最大限度地规避人为后果,而这根源在于心理。此外,水文干扰过程中涉及团队成员的优化和管理,如何提高干扰团队的凝聚力、向心力和战斗力,又不至于出现"群体极化"等不良现象,这些都需要心理学进行研究并提供科学指导。因此,水文干扰中的心理过程和心理机制的研究起着基础性的作用。同时,人具有社会性,各种水文干扰行为受到各种社会因素的影响和制约,因此探索这种社会因素作用于水文干扰行为主体的内在机制也很重要。

4.4.4　可持续发展水文干扰行为、生活方式和组织文化

人类水文干扰方面的可持续认知并不能仅仅停留在认知层面上,需要成为一种行为,改变人们的生活方式,进而变成一种精神,升华为一种文化。在干扰水文学中,心理学需要从心理角度上去对干扰过程和干扰行为进行可行性分析,判断哪些不可持续发展水文干扰行为应该改变;哪些可持续发展的水文方面的生活方式和文化应为人们和组织接受;在水文过程和各环节中应该摒弃哪些不正确的心理过程,保持何种健康的心理状态。

4.4.5　支持水文干扰政策的形成和做出决策

决策过程本质上属于心理过程,属于心理学研究的题中之义。在干扰水文学中,水文干扰决策和对应政策方案的形成是水文干扰过程中的一个重要环节。心理学需要在如何进行水文干扰科学决策,哪些决策过程不够科学,哪些决策更科学,以及构建科学的水文干扰决策过程、方案、流程方面提供极其重要的参考。

4.5　本章小结

干扰水文学是自然和社会科学的交叉学科,在各交叉学科中,心理学起着至关重要的作用。干扰水文学主要涉及的心理学理论包括个体心理学部分的应激理论、唤起构建理论、环境

超负荷理论、生态心理观和维度理论,群体心理学部分的群体心理、群体思维、群体极化理论,社会心理学部分的归因理论、态度相关理论。人是水文干扰行为的实施主体,人的心理过程伴随着水文干扰过程的始终,耦合在一起,不可分割。在干扰水文学中,心理学的主要研究主题包括人对水文系统和水文环境的知觉、认识和评价,水文方面危险知觉、压力和应激,可持续发展水文干扰行为、生活方式和组织文化,支持水文干扰政策的形成和做出决策等。

第5章　干扰水文学研究的核心问题

水文学是研究地球上水的性质、分布、循环、运动变化规律及其与地理环境相互作用的学科(芮孝芳,2013)。地理环境包括自然地理环境与人文地理环境。而人文地理环境由人类社会构成,它相对水文系统而言属于系统外部干扰。干扰水文学属于水文学的分支学科,其研究的核心问题是人类活动干扰与水文系统的相互关系。

5.1　人类活动对水文系统的影响

人类活动对水文系统的影响是多方面、多层次的,从是否直接作用于水文系统角度而言,分为直接影响和间接影响;从认知角度,可分为有意识干扰和无意识干扰。

5.1.1　人类活动对水文系统的直接影响

人类活动可以直接作用于水文系统,对水文过程和水文要素产生影响(李继红,2007;贺志鹏 等,2011)。其一,修建运河及灌溉水渠,进行流域内或超流域引水灌溉,改变地表径流的空间分布,其结果通常是使地表水分布的时空不均匀状况有所缓解。其二,以灌溉、防洪和发电为目的修建水库大坝,可以直接控制河川径流,调节水量的时间分布,使得径流的年内分配更趋均匀。其三,流域中上游过量引水用于农业灌溉、工业生产和城市生活,导致下游河川径流枯竭和地下水位降低。其四,为解决水资源空间分布不均的调水工程,例如中国的南水北调工程(Long et al.,2020),深刻地改变了流域水循环过程以及水文要素特征,使得空间距离遥远的流域水文系统产生了水文联系,同时对调水工程沿线的水文系统也产生了影响。其五,战争在备战阶段、战争中和战争恢复阶段都会直接干扰水文系统,例如,为取得战争胜利而炸毁大坝以及掘开河堤的行为(汪志国,2013),急骤地改变河川径流的水文特征。其六,为了修复退化或接近崩溃的水文系统而开展的生态工程,对水循环过程产生深刻的影响。例如,在我国第二大内陆河流域——黑河流域实施的"黑河干流水量分配"工程(程国栋,2009),合理规划流域上中下游区段和各行政单元的引水数量,减少大水漫灌,减少无效的蒸发,改变水循环过程在流域内的空间格局。在上述的六个人类活动直接干扰类型中,水库大坝和调水工程尤为值得关注,因为其对水文系统的干扰面积大、干扰持久度高、干扰强度和干扰震荡剧烈。

5.1.2　人类活动对水文系统的间接影响

人类活动除了直接作用于水文系统产生干扰外,还可以通过水文环境间接地对水文系统产生干扰。具体而言,人类活动可以通过影响大气圈、生物圈、岩石圈、土壤圈以及政策制度进而影响水文系统(全石琳,1988;黄秉维 等,1999;李继红,2007;刘南威 等,2007)。

5.1.2.1　人类活动对大气圈的影响

水文系统是一个开放系统,来自大气圈的降雨是水文系统的重要输入。同时气候是影响水文过程的重要驱动力。例如,有研究表明气候变化和人类活动干扰是影响河川径流变化的两大主要因素(Wang et al.，2020)，而气温的升高将会导致蒸发能力的提高，在水分充足的状况下会增加蒸发量。因此，人类活动对大气圈的影响将会影响到气温、降雨、风速、大气压、空气湿度等气候要素，进而影响水循环过程和水文要素。人类活动对大气圈的影响是通过对下垫面及大气成分的影响而实现的(全石琳，1988；黄秉维 等，1999；姜乃力，1999；李继红，2007)。

(1)改变下垫面对气候的影响

人类社会的发展必然同时改变下垫面的性质。而下垫面和大气之间存在着能量与物质的交换，对大气中的长期过程(气候)具有决定性的意义。人类活动改变下垫面的自然性质是多方面的，目前最突出的是破坏森林、坡地、干旱地的植被及造成海洋石油污染等。

①森林。森林除了影响大气中 CO_2 的含量以外，还能形成独具特色的森林气候，而且能够影响附近相当大范围地区的气候条件，林内气温日(年)较差比林外裸露地区小，气温的大陆属性明显减弱。雨水缓缓渗透入土壤中使土壤湿度增大，可供蒸发的水分增多，再加上森林的蒸腾作用，导致森林中的绝对湿度和相对湿度都比林外裸地大，称为"绿色蓄水库"。森林可以增加降水量，森林有减低风速的作用，森林根系的分泌物能促使微生物生长，可以改进土壤结构。森林覆盖区气候湿润，水土保持良好，生态平衡有良性循环，可称为"绿色海洋"。大面积森林遭到破坏，会使气候变干，风沙加剧，水土流失，气候恶化。相反，我国在 1949 年后营造了各类防护林，如东北西部防护林、豫东防护林、西北防沙林、冀西防护林、山东沿海防护林等，在改造自然、改造气候条件上已起了显著作用(胡海波 等，2001)。

②荒漠化。据联合国环境规划署估计，当前每年世界因沙漠化而丧失的土地达 6 万 km^2，另外还有 21 万 km^2 的土地地力衰退，在农牧业上已无经济价值可言。沙漠化问题也同样威胁我国，在我国北方地区，历史时期所形成的沙漠化土地有 12 万 km^2，近十年来，沙漠化面积逐年递增，因此必须有意识地采取积极措施保护当地自然植被，进行大规模的灌溉和人工造林，因地制宜种植防沙固土的耐旱植被等来改善气候条件，防止气候继续恶化。

③石油污染。海洋石油污染是当今人类活动改变下垫面性质的另一个重要方面，据估计，每年有 100 万 t 以上石油流入海洋，另外，还有工业过程中产生的废油排入海洋(柳又春，1973)。有人估计，每年倾注到海洋的石油量达 200 万～1000 万 t(柳又春，1973)。倾注到海中的废油，有一部分形成油膜浮在海面，抑制海水的蒸发，使海上空气变得干燥。同时又减少了海面潜热的转移，导致海水温度的日变化、年变化加大，使海洋失去调节气温的作用，产生"海洋沙漠化效应"(柳又春，1973)。

人类为了生产和交通的需要，填湖造陆，开凿运河以及建造大型水库等，改变下垫面性质，对气候亦产生显著影响。例如，水库的库区与周边地区形成局地环流。水库的大量蒸发使得水库沿岸暖季的温度明显低于远离水库的地区。冷季则可以提高温度，减少霜冻。

(2)改变大气成分对气候的影响

人类活动排放至大气中的温室气体和各种污染物质改变了大气的化学成分，从而使下垫面和大气及它们之间的辐射、热量、动量及物质的交换过程发生变化(曹茜 等，2015)。

工农业生产排入大量废气微尘等污染物质进入大气，主要有二氧化碳(CO_2)、甲烷(CH_4)、一氧化二氮(N_2O)和氟氯烃化合物(CFCs)等。据确凿的观测事实证明，近十年来大气中这些气体的含量都在急剧增加，而平流层的臭氧(O_3)总量则明显下降。这些气体都具有明显的温室效应。大气中 CO_2 浓度在近几十年来增长速度甚快。据研究，排放入大气中的

CO_2 部分为海洋所吸收,另一部分被森林吸收变成固态生物体,贮存于自然界,但由于目前森林大量被毁,致使森林不但减少了对大气中 CO_2 的吸收,而且由于被毁森林的燃烧和腐烂,更增加大量的 CO_2 排放至大气中(全石琳,1988;曹茜 等,2015)。

甲烷(CH_4)是另一种重要的温室气体。它主要由水稻田、反刍动物、沼泽地和生物体的燃烧而排放入大气。氧化二氮(N_2O)向大气排放量与农业面积增加和施放氮肥有关。N_2O 除了引起全球增暖外,还可通过光化学作用在平流层引起臭氧离解,破坏臭氧层。

氟氯烃化合物(CFCs)是制冷工业(如冰箱)、喷雾剂和发泡剂中的主要原料。此族的某些化合物如氟利昂是具有强烈增温效应的温室气体。近年来,还认为它是破坏平流层臭氧的主要因子,因而限制 CFC1 和 CFC12 生产已成为国际上突出的问题。在制冷工业发展前,大气中本没有这种气体成分。

除 CO_2 外,其他温室气体均为微量气体。但它们的增温效应极强,而且年增量大,在大气中衰变时间长,其引起大气中温室气体的增加会造成气候变暖和海平面抬高。多数学者认为全球变暖是温室气体排放所造成的。

(3)人为热和人为水汽排放对气候的影响

①人为热。随着工业、交通运输和城市化的发展,世界能量的消耗迅速增长。在工业生产、机动车运输中有大量废热排出,居民炉灶和空调以及人、畜的新陈代谢等也释放出一定的热量,这些"人为热"像火炉一样直接增暖大气。从数值上讲,它和整个地球平均从太阳获得的净辐射热相比是微不足道的。但是由于人为热的释放集中于某些人口稠密、工商业发达的大城市,其局地增暖的效应就相当显著。

②人为水汽。燃烧大量化石燃料时除排放废热外,还会释放一定量的"人为水汽"。人为水汽量要比自然蒸散的水汽量小得多,但它对局地低云量的增加有一定作用。

(4)城市化对气候的影响

城市是人类活动的中心,在城市里人口密集,下垫面变化最大。工商业和交通运输频繁,耗能最多,有大量温室气体、"人为热"、"人为水汽"、微尘和污染物排放至大气中。因此,人类活动对气候的影响在城市中表现最为突出。城市气候是在区域气候背景上,经过城市化后,在人类活动影响下而形成的一种特殊局地气候。从大量观测事实来看,城市气候的特征可归纳为城市"五岛"效应(混浊岛、热岛、干岛、湿岛、雨岛)和风速减小、风向多变(刘施含 等,2019)。

①城市混浊岛效应

城市混浊岛效应主要有四个方面的表现。(a)城市大气中的污染物质比郊区多。(b)低云量和以低云量为标准的阴天日数远比郊区多,城市大气中因凝结核多,低空的热力湍流和机械湍流又比较强。(c)混浊度强。城市大气中因污染物和低云量多,使日照时数减少,太阳直接辐射(S)大大削弱,而因散射粒子多,其太阳散射辐射(D)却比干洁空气中强。在以 D/S 表示的大气混浊度(又称"混浊度因子",turbidity factor)的地区分布上,城区明显大于郊区。(d)城区的能见度小于郊区。这是因为城市大气中颗粒状污染物多,它们对光线有散射和吸收作用,有减小能见度的效应。当城区空气中二氧化氮(NO_2)浓度极大时,会使天空呈棕褐色,在这样的天色背景下,分辨目标物的距离有困难,造成视程障碍。此外,城市中由于汽车排出废气中的一次污染物——氮氧化合物和碳氢化合物,在强烈阳光照射下,经光化学反应,会形成一种浅蓝色烟雾,称为光化学烟雾,能导致城市能见度恶化。美国洛杉矶、日本东京和我国兰州等城市均出现过此现象。

②城市热岛效应

城市热岛效应是指城市中的气温明显高于外围郊区的现象。在近地面温度图上,郊区气温变化很小,而城区则是一个高温区,类似突出海面的岛屿,由于这种"岛屿"代表高温的城市区域,所以就被形象地称为城市热岛。根据大量观测事实证明,城市气温经常比其四周郊区高。特别是当天气晴朗无风时,城区气温与郊区气温的差值(又称"热岛强度")更大。城市中人口密集区和工厂区气温最高,成为热岛中的"高峰"(又称"热岛中心")。

世界上大大小小的城市,无论其纬度位置、海陆位置、地形起伏有何不同,都能观测到热岛效应。而其热岛强度又与城市规模、人口密度、能源消耗量和建筑物密度等密切有关。城市热岛的形成有多种因素,其中下垫面因素、人为热和温室气体的排放是人类活动影响的三个方面。但在同一城市,在不同天气形势和气象条件下,热岛效应有时非常明显(晴稳、无风),热岛强度可达 $6 \sim 10$ ℃,有时则甚微弱或不明显(大风、极端不稳定)。由于热岛效应经常存在,大城市的月平均和年平均气温经常高于附近郊区。

③城市干岛和湿岛效应

城市相对湿度比郊区小,有明显的干岛效应,这是城市气候中普遍的特征。城市对大气中水汽压的影响则比较复杂,在白天太阳照射下,对于下垫面通过蒸散过程而进入低层空气中的水汽量,城区(绿地面积小,可供蒸发的水汽量少)小于郊区。特别是在盛夏季节,郊区农作物生长茂密,城郊之间自然蒸散量的差值更大。城区由于下垫面粗糙度大(建筑群密集、高低不齐),又有热岛效应,其机械湍流和热力湍流都比郊区强,通过湍流的垂直交换,城区低层水汽向上层空气的输送量又比郊区多,这两者都导致城区近地面的水汽压小于郊区,形成"城市干岛"。到了夜晚,风速减小,空气层结稳定,郊区气温下降快,饱和水汽压减低,有大量水汽在地表凝结成露水,存留于低层空气中的水汽量少,水汽压迅速降低。城区因有热岛效应,其凝露量远比郊区少,夜晚湍流弱,与上层空气间的水汽交换量小,城区近地面的水汽压高于郊区,出现"城市湿岛"。这种由于城郊凝露量不同而形成的城市湿岛,称为"凝露湿岛",且大都在日落后若干小时内形成,在夜间维持。城区平均水汽压比郊区低,再加上热岛效应,其相对湿度比郊区显得更低。即使在水汽压分布呈现城市湿岛时,在相对湿度的分布上仍是城区小于四周郊区。关于城市湿岛的形成多数归因于城郊凝露量的差异,少数论及因城区融雪比郊区快,在郊区尚有积雪时,城区因雪水融化蒸发,空气中水汽压增高,因而形成城市湿岛。

④城市雨岛效应

城市对降水影响问题,国际上存在着不少争论。1971—1975 年美国曾在其中部平原密苏里州的圣路易斯城及其附近郊区设置了稠密的雨量观测网,运用先进技术进行持续五年的大城市气象观测实验(METROMEX),证实了城市及其下风方向确有促使降水增多的"雨岛"效应(姜乃力,1999;史军 等,2011)。城市雨岛形成的条件是:(a)在大气环流较弱,有利于在城区产生降水的大尺度天气形势下,由于城市热岛环流所产生的局地气流的辐合上升,有利于对流云的发展。(b)城市下垫面粗糙度大,对移动滞缓的降雨系统有阻障效应,使其移速更为缓慢,延长城区降雨时间。(c)城区空气中凝结核多,其化学组分不同,粒径大小不一。当有较多大核(如硝酸盐类)存在时,有促进暖云降水作用。上述种种因素的影响,会"诱导"暴雨最大强度的落点位于市区及其下风方向,形成雨岛。(d)城市不仅影响降水量的分布,并且因为大气中的 SO_2 和 NO_2 甚多,在一系列复杂的化学反应之下,形成硫酸和硝酸,通过成雨过程和冲刷过程成为"酸雨"降落,为害甚大。(e)城市平均风速小局地差异大,有热岛环流,城市下垫面粗糙度大,有减低平均风速的效应。这可以通过以下两个方面的对比来证明:同一地点在其城市发展的历史过程中风速的前后对比;同一时期城市和郊区风速的对比。

此外,城市内部因街道走向宽度、两侧建筑物的高度型式和朝向不同,各地所获得的太阳辐射能有明显的差异,在盛行风微弱时或无风时会产生局地热力环流。当盛行风吹过参差不齐的建筑物时,因阻障效应产生不同的升降气流、涡动和绕流等,使风的局地变化更为复杂。

5.1.2.2　人类活动对生物圈的影响

人类本身属于生物圈,但是人类活动对生物圈的其他生态系统的结构和功能产生重要的影响。人类位于生态金字塔的顶级位置,对食物链产生极大的影响,并且人类使用了非食物形态的物质,如开采矿物能源,利用各种金属、非金属矿产资源,使生态系统中有了非食物的物质流与能量流,生态系统的功能因非食物物质的介入而增添新的变数。人类通过对生态系统各组分的影响,使系统的物质和能量的流动发生改变,从而对生态系统的结构和功能产生影响,进而导致生态系统的变化(郑华 等,2003)。

(1)人类改变生态系统中生物群落的平衡

在生物群落的平衡中,绿色植物具有维持生态平衡的作用。绿色植物位于食物链的初始环节,是生产者,由它的光合作用所产生的物质和能量通过食物链流向动物和微生物,促进了生态系统的物质循环和能量的流动,使生态系统处于动态的平衡之中。如果植物群落的异质性连接强,其维持生态平衡的功效就更显著。随着人口的增长,人类的需求不断提高,滥伐树木、过度放牧等活动使绿色植物受到强烈的破坏,使以植物为食或与植物共生的生物种群受到了影响,造成生态系统中植物种群之间、动植物种群之间平衡的失调,削弱了绿色植物维持生态平衡的能力,从而产生了生物多样性减少、温室效应等一系列生态问题(林惠清,2005)。

(2)人类改变生态系统中非生物成分的平衡

生态系统中的非生物成分,包括生物活动空间和参与物质代谢的各种物质。其中,生物活动空间即生境,包括陆地生境和水生生境;参与物质代谢的物质主要有碳、氮、磷、硫、钾和水等,它们是生命系统的限制性因素。这些要素的平衡是通过物质和能量的循环来实现的。人们通过改变生态系统的生境、改变一些要素的循环对生态系统施加影响(林惠清,2005)。

①人类活动改变生态系统的生境

土地开垦、资源开采、森林采伐、过度放牧、城市化等多种人类活动导致陆地和水生生境改变和破碎化,破坏了生态系统中生物与环境的平衡,损害了生态系统维持生物多样性的功能。毁坏生物的栖息地或分割栖息地,会造成物种的灭绝,生物多样性减少。据 Wilson(1992)估算,仅热带雨林的破坏一年就造成 27000 多种生物灭绝。农业、化石能源的消耗、工业化等人类活动,尤其是高能耗和低资源利用率的经济发展模式,以"资源—生产—废物"的线性不循环的方式进行物质和能量的流动,废弃物多,污染严重,极大地损害了生境的质量,从而损害了生态系统自净能力及调节气候的能力。如水体长期受酸碱污染将抑制水中微生物的生长,使水体的自净能力受阻,水生生物的种群将发生变化、减产甚至绝迹;农药、化肥的使用改变了土壤的成分,土壤的净化能力受到破坏,生物种群受到了威胁。东北地区 85% 以上的国家重点保护鸟类受到农药呋喃丹的威胁,其中受威胁的猛禽鸟类达 46 种,占东北地区猛禽鸟类的90.2%;空气中粉尘增多,会遮挡阳光,使气温降低或形成凝结核使云雾雨水增多,以致影响气候(全石琳,1988;黄秉维 等,1999;李继红,2007;郑华 等,2003;林惠清,2005)。

②人类改变生态系统的生物地球化学循环

一些生命系统的主要限制性因素如碳、氮和水等的循环有两条主要流动途径：生物循环和地球化学循环。这两种循环最终必将连接在一起，称为生物地球化学循环。生态系统物质和能量的循环主要通过这个循环进行。

5.1.2.3　人类活动对岩石圈的影响

人类活动对岩石圈的影响主要集中在地形地貌的影响（徐建华 等，1989；李文漪，2008）。人类活动对地貌形态和过程的影响范围非常广泛，既包括有意识的挖掘、采矿等直接过程，又包括无意识的耕地的侵蚀、边坡失稳等所带来的影响；既有建设性也有破坏性。最近有美国专家研究发现，人类活动对地球的改造大大超过了自然。目前人类活动对地球表面改变的程度，几乎是自然的地质运动过程对地球改变程度的 10 倍（李文漪，2008）。人类对地球的改造，正在以指数的速度增长。当前，人类活动对地球面貌的改造已经十分频繁。

（1）高强度人类活动导致城市地貌形变

城市是地表最大的聚落，是受人类活动影响最剧烈的区域。城市中的地貌环境是城市环境系统的一个重要组成部分。它既是城市的立地条件又是社会经济发展的依托，是整个城市社会经济发展的自然物质基础。随着城市经济的发展，工业化及城市化的推进，作为城市"承载面"和人类活动"舞台"的城市地貌也在发生重大调整和深刻变化。一方面形成了新的人工地貌体，另一方面改变了原有的地表形态，同时也产生了许多负面的环境效应，甚至给城市带来灾害。特别是地下水的过度开采以及建筑物的修建导致城市地面沉降。

（2）人类活动影响边坡稳定，加剧重力地貌灾害

在高原、丘陵和山区，许多自然边坡都处于极限平衡状态。这些地区在城镇建设、工矿建设、铁路公路和水利工程建设中，都存在着边坡开挖、堆砌土石、改变斜坡形态、改变斜坡水文地质条件、干扰斜坡稳定性等问题。这些往往会引发滑坡、崩塌、泥石流等现象，导致各种工程设施被破坏，交通受阻，威胁人民生命财产安全。主要表现有公路、铁路线沿斜坡布设，施工中大量开挖路堑或修筑路堤，人工形成高边坡。在不利的岩性和构造条件下，遇上多雨的年份就会发生滑坡等灾害。在一些古老的滑坡带修建交通线和建筑物，破坏了天然斜坡的平衡，导致古老滑坡体复活。通常，在坡脚开挖取土，会使推动型的古老滑坡失去支撑而重新滑动；在坡脚堆土增加负荷，则会使牵引型的古老滑坡复活。沿边坡修建输水渠道或进行黄土塬面灌溉，大量水分渗入坡体，地下水位升高，水力坡度增大，使斜坡体黏性土层饱水膨胀，形成滑动面，产生新滑坡。矿山地下采空区扩展而引起崩塌、塌陷。矿区建设过程中人为固体松散堆积物引发矿山泥石流。在古老滑坡台地上建设厂矿和居民点，增加古滑坡体载荷，或者就地排放污水，诱发古老滑坡再次滑动。

（3）人类活动诱发地震灾害

这突出表现在高坝引发地震。人工筑坝蓄水，往往会诱发浅源地震，这已是不争的事实。在希腊、美国、印度、法国、中国等都发生过这类事件。据不完全统计，此类事件在全世界 30 多个国家 120 余座水库发生过，最大的震级达 6.4 级（李文漪，2008）。这是由于地壳局部荷载增加，引起深层地下水的循环状态改变等导致地壳应力状态调整而造成的。据统计分析，坝体越高库容越大，诱发地震的概率也越大。水库诱发地震主要发生在库坝范围以内地区，并对水库的水位变化有一定的影响，通常有一定的前震序列出现。震源浅，因而震感强烈，对于库坝建筑物威胁较大。

5.1.2.4　人类活动对土壤圈的影响

人类活动是土壤形成的主要因素,对土壤的形成起着促进作用,然而长期高强度的人类活动对土壤产生了较大的破坏作用。人类干扰破坏土壤中原有生态系统的平衡,土壤水分、盐分、有机质、电导率、pH 等指标发生较大变化,使得土壤的理化性质发生改变(崔永琴 等,2011;贺缠生 等,2021)。人类活动的方式、程度以及持续的时间对土壤肥力和土壤生态系统基本生物生产能力产生重要的影响。人类活动对土壤的负面影响主要表现在土地退化和土壤污染两个方面(崔永琴 等,2011;贺缠生 等,2021)。土地退化方面主要表现在土壤沙化和土地沙漠化、土壤侵蚀、土壤次生盐碱化与次生潜育化。土壤污染比较引人关注的是重金属污染、土壤酸化、生物污染等(崔永琴 等,2011;贺缠生 等,2021)。而其中对土壤水文属性(指影响水文过程的各种土壤物理和化学性质参数,主要包括土壤质地、容重、有机质、孔隙度、饱和导水率、非饱和导水率、田间持水量、凋萎含水量和饱和含水量等)的影响必然会对水文过程产生重要的影响(贺缠生 等,2021)。

5.1.2.5　政策制度的水文效应

经济发展可以直接作用于水文系统而产生直接影响,也可以通过改变水文环境来间接影响水文系统(图 5.1)。综合国力关系到一个国家的国际地位,决定国际关系。当前的国际竞争本质上是综合国力的较量,而综合国力的核心就是经济实力。因此,各国都采用各种方式来促进本国经济的发展。由此看来,经济的发展涉及政治,政治学的观点认为,政治是不惜任何代价的。因此为了发展经济来提高本国的国际地位,某些国家很可能采取极端发展模式。同时,绝大部分水文过程是看不见摸不着的过程,且水文系统本身具有一定的韧性和调节功能,因此,不可持续的经济发展模式所带来的损害并不能即刻显现出来。相反,不可持续的经济发展模式在政治等其他方面获得快速而巨大的收益,形成了一个正反馈的恶性循环。而且,全球水循环以及水文环境属于公共资源,具有跨国界、跨区域的流动特点,其负面后果很可能由全球各国所承受(萨缪尔森·保罗 等,2008)。此外,由于"匿名效应"的心理存在(叶奕乾 等,2004),即无法诊断是哪一国造成了全球水循环和水文环境的影响,从而对水文系统和水文环

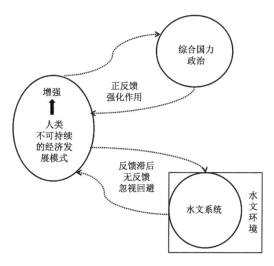

图 5.1　不可持续经济发展模式与水文系统的关系

境造成很大的损害。突出的例子就是西方资本主义以前实行的"先污染后治理"的经济发展模式,这使得资方资本主义迅速完成了资本积累,在国际政治中取得主导地位,但是对全球水文系统和水文环境造成了不可逆转的损害。目前全球持续变暖,导致蒸发能力提高、全球干旱、洪涝等极端水文事件频发。这种水文极端事件以及明显的水文系统接近崩溃的特征,例如,河道干涸,只是水文系统发生质变的外在表现形式,而在这质变之前,水文系统由于受这种不可持续的经济发展模式不断地发生量变,最终超过了水文系统的韧性和可调节阈值,导致水文系统走向崩溃。当然经济的发展对水文系统也有积极的作用。经济的发展能够促进水文相关科技和教育的发展,为改善水文环境和修复水文系统的损伤提供资金、技术和人才的保障。

5.2　人类有意识和无意识的水文干扰

5.2.1　有意识和无意识水文干扰内涵

　　人类活动对水文系统的影响一种是无意识的影响,即在人类活动中对水文系统产生副作用;一种是为了某种目的,采取一定的措施,有意识地改变水文系统或水文环境。人类活动对水文系统的有意识和无意识影响都会对水文系统造成直接影响或间接影响。有意识/无意识影响强调的是人类活动的心理和预期,而直接/间接影响强调的是人类活动对水文系统的作用途径。企业为了扩大生产规模而修建更多的厂房、道路等不渗透表面,从而改变下垫面状况,导致雨水下渗量大量减少,而蒸发增加。这一事件中,企业的干扰预期是通过扩大生产来增加利润,所关注的是实施的干扰是否达到扩大生产的目的。对于水文过程会产生何种影响并未在他们考虑之中,而最后所造成的水文影响是附属产物,属于无意识的水文影响。而这种无意识的水文影响是以间接干扰水文系统来实现的,即改变水文环境的下垫面状况。农民引河道径流灌溉的行为对水文系统的影响往往也是无意识的,因为他们的干扰预期是缓解农田旱情,获得一个好的收成,而不是去影响水文系统或者破坏水文环境。但事实上给水文系统带来了影响,过度引水的大水漫灌方式将会导致下游河道断流。这种干扰的水文影响是直接作用于水文系统而产生。而政府的水利工程建设、跨区域调水以及水文相关的生态修复工程对水文系统的影响则主要属于有意识影响,因为这种干扰的预期本身就是为了调控/修复水文系统,可能的影响基本上在预料之中。因此,水文影响的有/无意识是相对水文系统而言,主要取决于干扰主体的干扰预期。很多干扰相对水文系统而言是无意识的,但是相对其他系统却是有意识的。同时,需要注意的是,一个干扰事件中,有意识/无意识水文影响可能同时存在,但是需要从主要方面出发,因为事物的性质取决于主要方面。因此,判断一个干扰事件是有意识/无意识的水文影响需要看哪个占主导地位。

5.2.2　无意识与有意识影响的转化

　　尽管人类活动干扰对水文系统的有意识影响和无意识影响存在着区别,但是无意识影响可以转化为有意识影响。而发生这种转化需要在一定的条件下才能实现,实现这种转化主要表现为两种方式,一种源于水文系统的质变,另一种来自人类本身的质变。人类一直都在干扰水文系统,无意识地影响水文系统。人类活动对水文系统的干扰需要达到一定的强度、周期、频率、面积才能对水文系统产生干扰震荡。因为水文系统是一个极其复杂、线性和非线性混合的开放系统,同时水文系统还具有一定的韧性。一部分人类的干扰将会被水文系统吸收和消纳,因此不会发生人类所感知的变化反馈。但是随着漫长时间不断持续的人类活动干扰,水文系统本身在逐渐地发生量变。一旦水文系统无法承受这种人类活动的干扰,就会展现出一些明显的水文指示特征,例如干旱、洪涝等极端水文事件以及河道断流、植被缺水死亡等。这个时候,人类活动感知这种指示现象,将会在认知上产生关注和重视,然后决策,最后采取合理的行为对水文系统进行干扰,主要表现在防和治两个方面。这时人类活动对水文系统的无意识影响就转化为有意识影响。这种转化方式的代价是十分昂贵的,因为水文系统出现明显的病态指示特征,往往暗示着水文系统受到严重的损伤,很可能已经接近崩溃的边缘。然而这种方式是目前无意识水文影响转化为有意识水文影响的主要转化途径。例如,西北的黑河流域长期受不合理的人类活动影响,在 20 世纪 80 年代,下游出现干涸,西居延海干涸,这个信号引起了人类的关注,进而制定一系列政策,采取各种行为来修复水文系统,同时该流域的人也意识到黑河流域水文系统的脆弱性以及不注意保护的严重后果,在生产和生活中会更多地考虑水文系统,更多地注意保护水文环境(程国栋,2009)。

　　提高人的水文认知和水文素质是实现人类活动无意识水文影响转化为有意识水文影响的另一条途径。意识属于人的认知范畴,任何行为都是在人的思想支配下进行的。因此,认知水平的高低对采取何种干扰行为、采取怎样的干扰方式以及干扰行为的可能后果具有重要影响。很大一部分人,在很多时候并不是要故意去破坏水文系统,而是缺乏或者没有足够的水文知识。此外,一部分人具有水文知识或者具有较高的水文认知水平,有时候也能预知不合理干扰行为的负面效应,但仍然不采取任何规避措施,他们认为以往的惯性干扰行为并不能带来直接的利益损失,反而很可能在水文以外的方面获得收益,这就是水文素质低的原因。这种转化方式是防治水文系统恶化的主要方式。提高人的水文认知和水文素质是一个长期的系统工作,而教育是实现这一目标的催化剂和主要手段。

5.3　水文系统对人类活动干扰的影响

　　人类活动干扰会对水文系统产生重要的影响,而水文系统对人类活动也具有反作用。这主要表现在水文系统的区域特征影响人类干扰行为的发出以及水文系统的干扰反馈信息对干扰行为的影响。

5.3.1　水文系统的特点制约干扰措施的确定

　　由于水文环境,特别是气候具有纬度性和经度地带性的分布规律,从而导致水文系统具有地带性分布规律。例如,按照干湿状况中国陆地可以分为湿润区、半湿润区、半干旱区和干旱区。全球气温变暖导致蒸发能力提高,表现在潜在蒸发增加(韩松俊 等,2009),但是蒸发能力的提高并不代表实际蒸发的增加。研究表明,潜在蒸发和实际蒸发之间的关系取决于水分和温度。在水分充足的地区,表现为非互补关系;而在水分不充足的地区,表现为互补关系。又如,干旱半干旱区和湿润半湿润区的主要产流方式并不一样。对于干旱半干旱区,其包气带通常比较厚且土壤缺水量较大,而其下渗能力又比较小,当该区域降水时,一般为超渗产流。这种产流机制的特点是降水时并不先进行下渗去蓄满土壤,而是先产流。这主要是因为这些地区下渗能力大都比较差,且土壤含水量很难达到田间持水量,所以当该地区降水时,降水强度多强于下渗率,进而产生地表径流和地下径流。当降水强度大于下渗率时产流,当降水强度小于下渗率时不产流。在湿润半湿润地区,蓄满产流是主要的产流方式。这种产流方式是降水首先进行下渗,当下渗量达到土壤蓄水量的最大值时开始产流。除了地带性规律以外,水文环境由于地形等各种局域特征存在差异形成局域特征,从而导致水文系统也具有局域特征。

　　水文系统的特点要求我们需要根据区域水文系统的具体情况去因地制宜地选择干扰方式,确定干扰面积、持久度、周期等。在沙漠地区并不能通过种树来改善水文环境;在干旱半干旱地区并不能通过修建大型水库群来调节径流的时空分布不均。区域水文系统的特点在很大程度上限制了干扰行为的范围。作为陆地表面最大的自然生态系统,森林通过蒸散发消耗大量的水,进而对森林水文过程和径流产生重要影响;但森林同时能够提高空气湿度,增加降雨量,从而增加径流。这就存在着一个权衡对比的关系。在缺水的西北干旱半干旱区域,实施植树造林干扰方式需要特别注意干扰面积、干扰强度。植树造林的面积过大、强度过高,会导致植物蒸腾量增加,河道径流减少,从而影响当地居民的生产生活。又如,在水文系统对人类活动比较敏感,或水文环境比较脆弱的区域,需要严格控制干扰频率。因为这些区域的水文系统抵抗外界干扰的能力和适应环境变化的能力较差,一旦干扰强度和频率超过水文系统的承受能力,将会产生严重的后果。

5.3.2　水文系统的反馈强化干扰行为的调整

5.3.2.1　干扰行为的调整

　　一个完整的水文干扰过程除了包括人类对水文系统的干扰过程外,还包括水文系统对干扰行为的响应,而这种响应会反馈给干扰主体。这种反馈信息对干扰主体具有重要的参考价值,甚至会成为再次干扰的决定性依据,因为水文系统的响应是干扰行为成效的试金石。干扰主体根据反馈信息,经过分析然后作出决策。总体上,有两种截然不同的结果,即终止干扰行为和继续干扰行为。如果是继续干扰行为,干扰主体将会根据水文系统的反馈信息以及其他信息,对干扰行为作出一定的调整,具体表现在干扰方向、干扰面积、干扰强度、干扰持久度、干扰周期、干扰频率的调整。需要说明的是,很多时候人类对水文系统的同期干扰并不是单一的干扰行为,而是干扰的行为组合。例如,为了缓解长江流域的洪涝灾害,在同期采取了"退耕还林还草工程"、"天然林保护工程"、"湿地修复工程"、大型水库建设、植树造林等干扰行为。水文系统的反馈信息能够使得干扰主体不断优化干扰行为的组合方案,不仅仅包括干扰行为数量的优化,还包括干扰特征的优化。从这个角度上讲,在对水文系统开展重大干扰行为之前,进行小流域/小区域的试验示范显得十分有必要。

5.3.2.2　水文响应差异指示优先干扰区域/水文要素

　　首先在哪里对水文系统实施人类活动干扰效果最好?在众多水文要素中,首先选择干扰哪个水文要素更有成效?在进行水文干扰过程中,如何确定优先干扰区域和优先干扰水文要素是首要解决的问题,它关系到干扰的落实。敏感性分析方法是确定它们的重要方法。水文要素对人类活动越敏感,表明单位人类活动的变化将会引起更大的水文要素变化。对人类活动越敏感的区域,表明单位人类活动的变化将会引起水文系统的更大变化。因此,干扰的敏感性能够反映两个方面的信息:其一,敏感性往往代表着脆弱性,敏感性的水文要素和区域往往是脆弱区;其二,越敏感意味着更小的干扰成本能获得更大的水文效果。

　　水文系统的某一水文要素函数 Y 受到人类活动干扰 L、气候 C 以及其他因素 O_i 的影响。即

$$Y = F(L, C, O_1, O_2, \cdots, O_i) \tag{5.1}$$

人类活动的敏感性用数学方程可表示为

$$S_L = \frac{\partial Y}{\partial L} = \frac{\Delta Y}{\Delta L} \tag{5.2}$$

式中，S_L 为某一水文要素对人类活动干扰的敏感性值；ΔY 为一定时间段内水文系统某一水文要素的变化量；ΔL 为对应时间段内的人类活动强度变化。ΔY 和 ΔL 可以通过控制变量法的试验和模型模拟获得。利用以上公式可以获得各水文要素对人类活动干扰的敏感性值。同时，产水量是流域水文系统的最终输出，是水文系统的综合反映。因此，可以利用产水量对人类活动的敏感性来代表水文系统对人类活动干扰的敏感性。然后基于计算结果制定敏感性水文要素和区域排行表，最敏感性的水文要素就是最优先选择的干扰水文要素，对人类活动最敏感的区域则为人类活动最优先干扰的区域。

5.4 人类活动干扰与水文系统相互影响过程

人类活动的水文干扰过程包括干扰决策、干扰行为实施、水文系统反馈 3 个阶段和干扰心理过程、干扰初步实施、水文系统响应、干扰震荡评估、干扰行为调节 5 个环节(图 5.2)。

上文已经阐述了人类活动对水文系统的影响分为无意识影响和有意识影响。人类在很长时间和很多时候对水文系统的干扰是无意识影响。但是水文系统的明显病态特征对人类活动起到了一个负强化的作用，再加上人类水文认知和素质的提高，无意识的影响最终将会转化为有意识的影响。有意识的影响带有强烈的干扰预期，为了达到这种预期，人类通过直接干扰水文系统或者通过干扰水文环境间接干扰水文系统。然后水文系统会产生响应和干扰震荡，反馈信息给人类。人类通过反馈结果评估是否达到干扰预期，如果达到，则终止这一干扰行为。如果没有达到预期，人类将经历一系列的心理过程，例如可能出现情绪的波动，但最终还是对干扰过程进行反思、归因，然后调整干扰行为或者行为组合，再次对水文系统进行干扰。如此，一直持续下去，直到达到干扰预期才结束。这里需要注意的是，个体、群体和社会等不同干扰主体的干扰心理、干扰过程、干扰预期存在着差异。

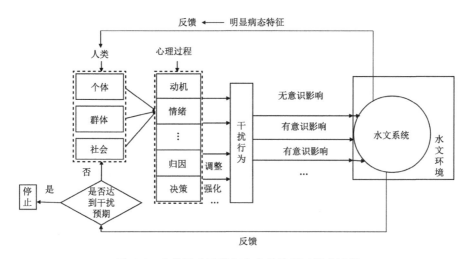

图 5.2 人类活动干扰与水文系统相互影响过程

5.5　本章小结

人类活动的水文干扰过程包括干扰决策、干扰行为实施、水文系统反馈 3 个阶段和干扰心理过程、干扰初步实施、水文系统响应、干扰震荡评估、干扰行为调节 5 个环节。而干扰水文学研究的核心问题是人类水文干扰和水文系统的互反馈定量关系，从而为管理人类的水文干扰活动提供指导。具体分为两个方面，一方面是厘定人类水文干扰活动对水文系统的定量影响，阐明内在的影响机制及其时空演化规律；另一方面是探测水文系统对人类水文干扰活动的响应与反馈机理。当然，人类水文干扰活动可以直接作用于水文系统，但也可以通过作用于水文环境间接作用于水文系统，从而引起水文系统的变化。这个核心问题关系到这门学科是否能够担当起为人类水文干扰活动提供强有力指导的关键。

第6章 干扰水文学的学科构建

6.1 干扰水文学的研究对象

水文学是一门古老而又年轻的科学。19 世纪中期以前主要集中在如河流水文、流速、洪水、降雨等水文现象的记录和观测,属于萌芽阶段。1851 年 Mulvaney 提出汇流时间,标志水文学成为一门独立的学科,后来逐渐形成了一系列如河道和坡面汇流、土壤水与地下水运动定律等研究方法和研究范式(徐宗学 等,2010)。在过去的 169 年里,水文学不断发展,其中的一个表现是分支学科和交叉学科的增多。干扰水文学是一门新的学科,同时也是水文学的分支学科。对于这门新的学科有着怎样的内涵,与其他水文分支学科和交叉学科有着怎样的关系,下文将逐一阐述。

6.1.1 干扰水文学的定义与内涵

干扰水文学是基于传统水文学及其交叉学科,综合利用自然和人文社会科学理论,研究人类活动对水文系统干扰过程以及相互作用机理,以科学管理人类干扰行为的科学。从定义中可以看出:

(1)干扰水文学是研究人类活动对水文系统的干扰,而不仅仅是人类活动对水文系统的影响。人类活动是人类社会系统的一部分,但并非全部。而且,并非所有的人类活动都属于对水文系统的干扰,必须达到一定的影响程度才能称得上是水文干扰。

(2)干扰水文学是自然和人文社会的交叉学科,综合利用各种方法,而不仅仅是水文学相关理论和方法。

(3)干扰水文学研究的直接应用目的是从水文学角度上科学合理地管理人类的水文干扰行为。

6.1.2 干扰水文学与相关学科和理论的联系

6.1.2.1 干扰水文学与传统水文学

水文学是研究地球上水的性质、分布、循环、运动变化规律及其与地理环境相互作用的学科(芮孝芳,2013)。干扰水文学是在继承传统水文学的基础上的进一步发展。干扰水文学继承了传统水文学的基本概念、基本理论和基本方法,但是又有所区别。其一,传统水文学侧重水文系统结构、功能和过程的自然客观规律的研究,对于人类社会和水文系统的互馈定量关系刻画不够。其二,传统水文学对于人类活动对水文系统干扰的整个过程刻画不完整,主要强调水文系统的响应,这只是水文干扰过程的 5 个环节之一(图 5.2)。其三,传统水文学在阐述水文系统演化规律时叠加了气候变化和人类活动干扰两种主要驱动力,没有单独厘定和定量揭示人类活动的水文干扰机理和过程。其四,传统水文学忽略了人和人的心理过程,将人基本上作为一个质点进行抽象化,这和实际不符。其五,传统水文学主要基于自然规律的理论层面,没有刻画人类对水文系统反馈的应对和响应过程,很难用于指导人类的水文干扰行为。

6.1.2.2　干扰水文学和社会水文学

Falkenmark(1992)强调,"水与人类是一个存在相互作用的复杂系统"。针对人类引起的水文变化所带来的挑战,Wagener 等(2010)呼吁重新定义水文学。加强水和人类之间互馈机制的表达成为水文科学发展的迫切需求。Sivapalan 等(2012)首次提出了社会水文学,其中人类和人类活动被认为是水循环动力的一部分,其目标是预测人—水耦合系统的动力学。

尽管社会水文学和干扰水文学都属于水文的分支学科,但是二者存在本质上的差异。其一,社会水文学研究的是水系统,而不是水文系统。这与干扰水文学存在本质差异。干扰水文学研究的是水文系统,而不是水系统。在第 1 章阐述过水文系统和水系统的区别,水系统基本上接近地理单元,而水文系统主要是指水文自然过程的 3 个环节和 5 个过程。其二,社会水文学的核心理论把人和人类活动假设为系统内部的组成部分,人—水关系是系统内部的关系。而干扰水文学继承传统水文学的理论,人类活动属于人类社会系统,而人类活动干扰属于水文系统的外部干扰因素,跨越两个系统。干扰水文学认为人类是第四纪以来才开始产生,而水文系统在过去一直都是客观存在,而以后不管人类是否消亡,也将会一直存在。因此,从整个历史长河来看,水文系统的产生和发展演化过程中,人类社会系统和水文系统并不是能够融为一体的整体。相对水文系统而言,人类作为外部因素,人类活动作为外部干扰更为合理。

6.1.2.3　干扰水文学和"自然—社会"二元水循环

为更好地描述水在人类社会经济系统的运动过程,Merrett(1997)提出"Hydrosocial Cycle"即社会水循环的概念,提出了社会水循环之"供—用—排"过程的基本概念雏形。同年,Falkemark(1997)研究了社会侧支与自然水循环之间的相互作用。在国内,王浩等(2004;2006)指出水循环的"自然—人工"二元特性,随后总结"自然—社会"二元水循环理论,描述了水循环在驱动力、结构和参数方面的二元性。二元水循环理论更客观和科学地表达了人类活动影响下水循环的演变特征。但是二元水循环缺乏人水系统间互馈机制的刻画,往往难以应对不同地区的复杂水循环问题(秦大庸 等,2014;丁婧祎 等,2015;尉永平,2017)。社会水文学同样涵盖了自然水循环和社会水循环,并且着重于人—水耦合系统的互馈方式和协同进化的动态过程,因此二元水循环往往归为社会水文学的重要理论基础,属于社会水文学研究范畴(陆志翔 等,2016;尉永平,2017)。

二元水循环理论将自然界的 3 个环节 5 个过程的水分海陆大循环和小循环作为自然循环过程,而将水资源在人类社会系统中的流动作为与自然水循环同等地位的社会循环,形成了所谓的"二元"。干扰水文学认为,由于人类活动对自然水文过程的影响不断加剧,构建社会水循环理论研究人类与水文系统的关系具有一定的合理性,但是社会水文系统并不能上升到和自然水文系统平起平坐的地位,充其量只是自然水循环过程中的一个干扰小环节,因为人类相对整个自然还是比较渺小,人类活动也不能达到改变自然规律(例如地球三圈环流)的地步。从地球诞生以来的历史看,人类存在的时间还比较短暂,未来也不一定和水文系统永恒。当然二者也有共性,那就是都强调和认同人类活动对水文系统和自然水文过程的深刻影响。

6.1.2.4　干扰水文学和生态水文学

20 世纪 90 年代,人类面临淡水资源短缺、水质恶化和生物多样性锐减等全球性环境危机。为维护社会稳定、经济健康发展,人类必须谋求新方法来实现水资源的持续利用。1992

年在都柏林举办的国际水与环境大会正式提出了生态水文学的学科概念。生态水文学是生态学与水文学的交叉学科,主要揭示植被对不同水分条件的响应和自组织过程(Eagleson et al.,1982;Rodriguez-Iturbe,2000;夏军 等,2003)。同为水文学与其他学科的交叉学科,生态水文学与干扰水文学在以下方面具有异同之处。

(1)产生背景

干扰水文学和生态水文学产生的时代背景相似,都是在水资源管理出现危机,而传统水文的相关理论、方法和技术很难解决所出现的问题,所以必须寻求新的理论和方法来实现水资源的可持续利用。干扰水文学和生态水文学都是对传统水文学的发展,对水资源管理理论和方法的创新、深化和扩展。尽管如此,人类相对植被更加复杂,且具有主观能动性去影响水循环过程,因此,干扰水文学的研究相对生态水文学更具有挑战性。

(2)学科属性和研究内容

干扰水文学和生态水文学都属于水文学与其他学科的交叉学科。生态水文学是研究植物及水文过程如何相互影响的水文学和生态学之间的交叉学科;干扰水文学则是主要探究人类活动干扰——水文系统的互馈及其动态机理的水文学与其他自然科学、社会人文科学的交叉学科。生态水文学的引入帮助水文学建立了与其他邻近学科如土壤学、植物生理学、地貌学的关系,并因此拓宽了水文学的研究范围。同样,干扰水文学的产生也会使水文学的研究向社会人文学科扩展。二者在研究内容上并不相同。生态水文学主要研究生态与水文的系统,重点研究对象是植物和水;干扰水文学主要研究人类与水文系统的关系,重点研究对象是人类活动干扰和水。

生态水文学已有 20 余年的发展历史,学科概念、研究方法、研究框架等方面日趋完善,并且在国内外都得到了广泛的应用与发展。干扰水文学作为一门新兴学科,处于萌芽阶段,许多问题有待进一步探讨。

6.2 干扰水文学的研究方法

6.2.1 水文模型

水文模型是为模拟水循环过程而构建,用于描述水文物理过程的数学模型,是水文科学研究的重要手段与方法之一。水文模型的研究和应用,为人们提供了一种科学认识与合理利用水资源的重要工具和方法,为水资源管理和决策提供了重要的科学依据(吴险峰 等,2002)。

由于生产实践对水文模型的要求不同,以及水文学本身的发展和不同社会发展阶段各种新技术的结合,产生了不同的水文模型。目前,关于水文模型的研究已从黑箱模型、概念性模型发展到今天的分布式水文模型。为满足研究目的、模拟手段、时空间分辨率、服务对象等各种需求,全世界目前已开发了数百种水文模型。在这些水文模型中,根据不同的分类标准,可以产生若干种分类。根据模型结构和参数的物理特性,目前常用的为概念性模型和分布式水文模型。概念性模型用抽象和概化的方程表达流域的水循环过程,具有一定的物理基础,也具有一定的经验性,模型结构相对简单一些,实用性较强。分布式水文模型的优点是模型参数具有明确的物理意义,可以通过连续方程和动力方程求解,可以更准确地描述水循环过程,具有很强的适应性。与概念性模型相比,分布式水文模型用严格的数学物理方程表述水循环的各种子过程,参数和变量中充分考虑空间的变异性,并着重考虑不同单元间的水力联系,对水量和能量过程均采用偏微分方程模拟(徐宗学 等,2010;徐宗学,2020)。

水文模型有一个非常重要的好处,那就是能够设置不同的情景,从众多影响水文过程的因素中分离出整个人类活动或者某一特定类型的人类活动对水文系统的干扰。这种方法的原理本质上是控制变量法,控制其他自变量不变,只改变某一个自变量,那么模型输出的变化就是由于这一特定自变量的变化所引起的。基于这种方法可以进行径流、蒸发、土壤含水量、下渗、基流等各种水文要素对人类活动干扰的敏感性分析,也能定量分离出人类活动干扰对某一特定水文要素和整个水文系统的单独贡献,包括贡献程度和贡献方向。

6.2.2 遥感与地理信息系统

6.2.2.1 地理信息系统

地理信息系统(geographic information system,GIS)是一种在计算机硬件和软件的支持下,对整个或者部分地球表层空间中的有关地理分布数据进行采集、存储、管理、运算、分析、显示和描述的技术系统(汤国安 等,2012)。地理信息系统处理和管理的对象是多种地理空间实体数据及其关系,包括空间定位数据、图形数据、遥感影像数据、属性数据等,主要用于分析和处理一定地理区域内分布的各种现象和过程(Kang-tsung et al.,2009)。

GIS最强大的功能在于空间分析技术。它将地球表面的状况数字化为点、线、面3种基本要素,进而进行拓扑关系构建和图形运算,同时具有强大的可视化功能,能够很好地展示地理现象的空间分布格局,便于发现地理规律。GIS可以作为干扰水文学的主要方法之一。

GIS能够很好地展示人类干扰行为的空间分布格局和空间统计。人类干扰行为在干扰主体、干扰类型、干扰方向、干扰面积、干扰强度、干扰持久度、干扰周期、干扰频率、干扰时空布局、干扰心理、干扰预期和干扰震荡等各种维度上都存在一定的空间差异;同时人类干扰行为具有空间位置属性,不同位置空间的环境、文化、心理素质、行为风格等存在异质性。因此,人类对水文的干扰活动存在空间差异,而GIS为刻画这种空间异质性提供了强有力的技术支撑。

GIS能够很好地实现人类活动对水文系统干扰震荡和水文系统反馈信息的展示。水文系统受到人类活动的干扰后,蒸发、地表径流、地下径流、土壤含水量、下渗量、地下水补给量等水文要素或者水文过程中的部分或全部将会产生一定的响应和变化。然而,由于地理环境的差异,这种变化也存在空间异质性。GIS能够很好地刻画这种空间格局并制图,为人类干扰行为的归因和再次干扰提供重要的决策信息展示。

与流域产汇流有关的地理数据主要有地面高程和反映土壤、植被、地质、水文地质特征的参数等,其中以数字高程模型(digital elevation model,DEM)最为有用,因为数字高程模型不仅表达了地面高程的空间分布,而且根据此可以生成流域水系和分水线、自动提取地形坡度和其他地貌参数,将DEM与表达土壤、植被、地质、水文地质特性参数的空间分布叠加在一起,还可以描述这些下垫面参数与地面高程的关系。通过GIS可以提取DEM、河网、水系等下垫面特征,并可以依据河网等级对流域进行任意子流域划分或者进行网格化划分。

GIS技术已经在水文模型开发中得到了广泛应用。借助GIS强大的空间数据分析处理功能,水文模型的研究手段得到了根本性的转变。GIS不仅可以管理空间数据,用于水文模型的输入、输出,而且可以将水文模型植入GIS中,用户只需要根据GIS开发的界面操作,不需要设计水文模型本身。就目前的研究及应用看,GIS与水文模型的结合主要表现为3种方式,即

GIS 软件中嵌入水文模块、水文模型中嵌入 GIS 分析模块(松散型结合)以及相互耦合嵌套的形式(紧密型结合)(吴险峰 等,2002)。例如,GIS 和 SWAT 模型的结合形成的 ArcSWAT,就属于嵌套形式紧密结合的一个典范。模拟人类活动对水文过程的干扰过程并阐明内在的机理离不开模型的开发,而 GIS 为研发干扰水文学模型提供了良好的技术平台。

6.2.2.2　遥感技术

遥感技术是 20 世纪 60 年代以来发展的信息技术,按照遥感平台高度可分为航天遥感、航空遥感和地面遥感(李小文,2008)。目前已经形成天—地—空一体化的监测技术。遥感技术不仅能够监测地表参数和过程的状态和动态,甚至还能监测地下状况(赵英时,2003;李小文,2008)。遥感技术相比其他方法有着一系列的优点。其一,具有宏观性,能够监测大尺度甚至全球的地表参数和过程;其二,成本低,周期短,特别是相对实地调查和普查;其三,可重复性,可以对地球表面同一位置进行反复探测,从而获得动态变化;其四,受地面条件限制少,对于人类交通无法到达或者环境恶劣的地区,遥感成为一种有效的监测手段;其五,客观性,传统的实际调查和统计结果可能出现人为的失真,遥感相对传统的实际调查和统计方法更加客观。正因为遥感技术的各种优势,它已经广泛应用于水文研究中。

干扰水文学中人类活动干扰的对象是水文系统。而在水文领域,作为一种信息源,遥感技术可以提供土壤、植被、地质、地貌、地形、土地利用和水系水体等许多有关下垫面条件的信息,也可以获得降雨的空间分布特征、估算区域蒸散发、监测土壤水分等。这些信息是确定产汇流特性和模型参数所必需的。通过遥感技术,能够弥补传统监测资料的不足,在无常规资料地区或者环境恶劣地区很可能是唯一的数据源,大大丰富了水文研究的数据源。

确切掌握水文要素以及水文模型模拟的输入往往需要面上的数据。而气象站、生态站等观测站点获得的数据尽管精度很高,但是由于尺度上推的问题而很难推广到面上;同时由于空间异质性的存在限制了它们无法进行简单的空间插值。而遥感获得的数据弥补了这一不足。例如,遥感降水数据产品、土壤含水量数据产品等。

遥感技术也能监测人类活动。这方面特别引人注意的是夜间灯光遥感。从夜间的太空观察地球,可以发现人类的主要聚居区在夜幕中发射出璀璨的光芒,这就是夜光遥感影像(李德仁 等,2015;李德仁,2018)。科学家则可以从夜光遥感影像中探测人类活动进而进行相关的研究。目前,在全球范围内频繁获取夜光遥感影像的卫星传感器有两类:一类是美国军事气象卫星计划(DMSP)搭载的线性扫描业务系统(OLS);另一类是极地环境业务卫星(S-NPP)搭载的可见红外成像辐射仪(VIIRS)(李德仁 等,2015)。这些夜间灯光数据并不是专门的夜间灯光卫星,而是附带性携带了相关的传感器。以上都是非专业夜光遥感卫星。2018 年,由武汉大学团队与相关机构共同研发制作的"珞珈一号"是全球首颗专业夜光遥感卫星(王磊 等,2020)。夜间灯光遥感已经广泛用于监测经济活动、电力生产、碳排放、人类睡眠、夜间聚集、捕鱼、城市化、战争等各种人类活动(余柏蒗 等,2021)。干扰水文学作为研究人类活动干扰与水文系统相互关系的学科,人类活动相关信息是基础性的,而遥感技术为这些信息的获得提供了技术支持。

6.2.3　数理统计方法

数理统计方法广泛应用于自然科学和人文社会科学等众多的研究领域。只要有数据的地方,基本上就会用到数理统计方法。常用的数理统计方法主要包括相关分析、回归分析、方差分析、聚类分析、判别分析、主成分分析与因子分析。

　　干扰水文学是自然科学与人文社会科学的交叉学科,对于人文社会科学的很多变量很难量化,因此,很多纯自然科学的方法可能不适用。而数理统计方法是横跨自然科学和人文社会科学的研究方法。而数理统计方法不仅能够处理定量数据,也能够处理定序和定类数据。此外,人类所形成的社会个体、群体和阶层之间的异质性很大,所以需要采用较大规模的抽样调查,才能保证统计推论比较有说服力。而这正是数理统计的主要内容之一。

　　上文提到的水文模型模拟方法和数理统计方法都是研究水文领域的重要方法。水文模型模拟方法,能够模拟水文循环过程,阐述水文过程以及外部干扰对水文系统的影响机理。但是水文模型也有一定缺陷或者不足。水文模型需要参数率定,由于模型参数相对较多,而研究者的知识背景存在差异,这个选择调整的参数以及最后获得的精度并不一样,存在着主观性因素。同时,有些问题也需要借助数理统计方法。例如,能够通过模型模拟气候变化和土地利用变化对水文过程产生影响,但是如果要定量地分离出气候变化和土地利用变化对径流变化的单独贡献,必须要和数理统计方法结合。

6.2.4　实验和调查方法

　　在自然科学研究中,"实验"是最基础的研究方法。广义的水文实验包括在流域上布设站网进行水文观测、代表性流域和实验性流域实验,以及室内实验室实验等。这里仅涉及代表性流域和实验性流域实验,以及实验室实验两种实验研究方法(芮孝芳,2013)。水文领域中很多构建水文模型的公式都是首先通过水文实验方法所获得的数据而构建的。与此同时,实验方法也是人文社会科学的重要研究方法,例如和干扰水文学密切相关的心理学。调查方法主要包括野外采样调查和问卷调查。不管是遥感获得的数据还是水文模型所获得的数据,都需要通过野外采样调查方式获得实测的数值对数据精度和结果进行评估。而问卷调查是研究干扰水文学中无法量化过程获得数据的重要方式。

6.3　干扰水文学的学科性质

6.3.1　干扰水文学是水文科学中的基础学科

　　干扰水文学是研究人类活动对水文系统的干扰过程和干扰机理的学科。这对于解决全球或者区域的水资源危机以及水资源的科学管理来说是一个基础学科。干扰水文学定向为水资源管理的实践活动提供有效的科学理论指导。传统水文学基于水循环理论和水量平衡理论重在阐明水文系统在各种外部影响下的演化规律,并没有完整地刻画人类活动对水文系统的干扰过程和干扰规律,这严重地限制了管理者的水资源管理活动。由于没有人类活动对水文系统的干扰过程是一个跨越人的主观世界和地球客观世界的过程,这种过程的刻画不仅仅需要水文学,还需要自然科学的其他学科以及人文社会科学的理论。因此,干扰水文学刻画人类活动对水文系统的干扰过程以及二者互反馈机理,深入和拓展了传统水文学的理论和内容,能够定向为人类的水文干扰行为和过程提供科学有效的指导。

6.3.2　干扰水文学是水文科学中的应用学科

　　干扰水文学的目的是定向指导人类的水文干扰行为,为水文干扰过程提供切实有效的科学指导。在实际水资源管理中,尽管水资源管理者掌握水文的相关知识,但这只是水资源管理的其中一个环节,因此他们在改造水文系统或者水文环境的时候显得十分盲目和主观,因为没有一门专门系统的学科能够指导他们进行这种水文干扰。例如,在干扰决策和方案的制定过程中有哪些原则,如何处理水文系统的反馈信息并调整方案,如何科学系统地评估人类活动的干扰效果,如何干扰更有效,从哪里进行水文干扰更为科学,如何进行水文干扰的布局,哪些水文干扰行为应该鼓励,哪些水文干扰行为应该摒弃,在水文干扰的 3 阶段 5 环节中需要如何调控人的心理,如何控制水文干扰强度、频率等才是合理,等等。而干扰水文学就是研究这种跨越人的主观世界和地球客观世界的水文干扰过程,综合利用自然科学和社会人文科学的理论,系统有效地指导人类的水文干扰行为和水文干扰过程。总之,干扰水文学是服务于人类的水文干扰行为和过程。从这个角度上而言,干扰水文学是水文科学中的应用学科。

6.3.3　干扰水文学是交叉学科

干扰水文学是自然科学和人文社会科学的交叉学科。干扰水文学属于水文学的分支学科,因此继承了水文学的基本理论。干扰水文学涉及水文自然环境,因此需要运用生态学、自然地理学、环境科学、土壤学、气象学等各自然科学的相关理论知识。干扰行为的实施者和发出者是人,首先人在改造自然的过程中伴随着复杂的心理过程,因此涉及心理学相关理论;同时不同干扰主体和阶层,水文干扰的决策过程和方式存在差异,水文干扰行为,人的行为受到社会的影响,因此涉及社会学相关理论;而干扰行为的实施涉及人力资源的有效管理,因此需要管理学的相关理论知识。总体而言,干扰水文学主要是传统水文学、自然地理学、环境科学、土壤学、气象学、心理学、社会学和管理学等各学科交叉而成的学科。

6.4　干扰水文学的主要研究内容与学科结构体系

6.4.1　研究内容与学科任务

干扰水文学需要阐明人类活动干扰对水文系统及其水文过程的影响机理以及互馈机制,从而为科学有效地管理干扰活动提供指导。主要任务如下:

(1)阐明干扰强度等各维度对水文系统以及水文过程的影响机制和规律,为实施合适的干扰提供参考,回答哪种干扰特性组合最为有效和最为科学的问题。

(2)定量阐明总人类活动以及生态工程、农业活动、水库大坝、调水工程、战争、旅游等各分支人类活动对水文系统、水文要素及其水文过程的单独影响机理,厘清它们对水文系统的单独贡献以及时空演化规律。

(3)揭示干扰水文过程中干扰主体以及社会各群体的心理变化规律与特征,解析心理活动变化对水文干扰 3 阶段 5 环节的影响机制以及应对策略。

(4)解析水文系统对干扰的响应、适应和自我恢复机制,探索增强水文系统应对负面干扰抵抗力、恢复力以及可持续健康发展的途径。

(5)开发用于研究水文干扰的专门模型,全面模拟人类水文干扰过程,为干扰水文学科的发展和壮大提供强大的方法支撑。

6.4.2　学科结构体系

6.4.2.1　按尺度分类

一般而言,大尺度常指较大空间范围内的干扰,往往对应于小比例尺、低分辨率;而小尺度则常指较小空间范围内的干扰,往往对应于大比例尺、高分辨率(邬建国,2000)。根据等级理论相关知识,一般而言,处于等级系统中高层次的行为或动态常表现出大尺度、低频率、慢速度特征;而低层次行为或过程的行为或动态则表现出小尺度、高频率、快速度的特征(邬建国,2007)。由此可见,不同尺度的水循环过程以及水文环境的物质、能量和信息过程并不一样。因此,对于相同的人类活动干扰,不同尺度水文系统的响应过程和机理存在差异。而不同尺度上获得的结论无法通过尺度上推去扩展其结论。从哲学的辩证唯物论而言,大尺度的水文系统是由小尺度的水文系统所构成,二者是整体和部分、特殊性和普遍性的关系。小尺度上的一个水文系统作为大尺度水文系统的一部分,具有大尺度水文系统的特点,但是小尺度水文系统的结构和功能以及水文环境具有其独特性。按道理小尺度上的结论能够部分反映大尺度上的特征。但关键是无法辨识小尺度上的结论哪些是普遍性,哪些又是本身的特殊性。因此,这种尺度效应的存在要求我们对不同尺度上进行人类活动干扰与水文系统相互关系的研究。按照尺度分类,干扰水文学分为景观干扰水文学、流域干扰水文学、区域干扰水文学、全球干扰水文学。

6.4.2.2　按干扰类型分类

不同的人类活动干扰类型的干扰强度、干扰持久度、干扰周期并不一样,例如,生态工程建设和农业的田间管理措施在干扰强度相差很大的数量级差。同时在对水文系统的整个干扰中对于不同的干扰类型,人类的干扰预期以及心理过程也存在较大差异。而且,对于相同的水文系统,对于不同的干扰类型所产生的响应以及最后的干扰震荡也存在差异。按照干扰类型分类,干扰水文学可以分为农业干扰水文学、工业干扰水文学、旅游干扰水文学、战争干扰水文学、城市干扰水文学、生态工程干扰水文学、水利工程干扰水文学以及其他人类活动干扰水文学。

6.4.2.3　按干扰主体分类

从社会学的角度来看,每个人在社会中都扮演着各种角色,在单位是企业领导,在家是父亲等,但是每个人都有一个主要的工作角色,而这种不同的角色具有一定社会认同的权利与义务。为了顺利地扮演这个角色,获得社会的认同,每个人将以自己所扮演的角色来实施各种行为。个体是人类的基本构成单元。因此,很有必要在干扰水文学中设立个人干扰水文学的分支学科,它是进一步研究不同社会群体对水文系统干扰的基础。人类行为的动机从根本上而言是利益。个体之间、个人与群体、不同的群体之间的根本利益往往会不一致,或者不完全一致,从而导致人类的水文干扰活动以及对水文系统的干扰过程存在差异。例如,政治家和生态学家、农民看待大型水库建设对水文系统和水文环境的问题不一样,行为方式也不一样。例如,农民为了灌溉或者缓解干旱,采取挖井开采地下水的行为;而政府为了维持水文系统和水文环境的健康可持续发展,将会禁止开采地下水。不同群体的性质对水文干扰过程影响很大。特别是企业和政府这两种社会群体,事实上,企业大多时候都是在扮演着破坏水文系统和水文环境的角色,而政府往往扮演修复和保护水文系统和水文环境的角色。这主要是由二者的根本利益所决定,企业的目的在于盈利,其行为的中心和出发点就是获取利润;而政府是人民的代言人,维护的是大众最广泛的利益。按照干扰主体分类,干扰水文学包括个体干扰水文学、群体干扰水文学、企业干扰水文学、政府干扰水文学以及其他干扰主体水文学。

6.4.2.4　按干扰环境分类

按照干扰环境分类,干扰水文学包括干旱区干扰水文学、湿润区干扰水文学、寒区干扰水文学、热带区干扰水文学、温带区干扰水文学、荒漠区干扰水文学等(图 6.1)。以此方法分类的干扰水文学分支是以某一特定地理环境区的水文系统为研究对象,着重研究特定环境下该区域人类活动干扰与水文系统的关系、人类活动对该特定水文系统和水文过程的干扰机理以及特定区域水文干扰活动的管控。

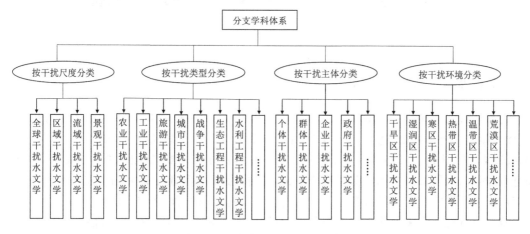

图 6.1　干扰水文学分支学科体系

6.5　本章小结

干扰水文学的研究方法主要包括水文模型、遥感与地理信息系统、数理统计、实验与调查等方法。水文模型能够很好地刻画水文过程并阐明机理,同时能够设置不同的控制变量情境定量分离出人类活动对水文要素和水文系统的单独贡献,并阐明内在的影响机制。地理信息系统具有强大的空间展示和分析能力,而且很多水文模型已经和 GIS 软件平台进行了嵌合,是研究干扰特征空间格局以及水文系统对人类活动干扰空间分析的重要工具。与此同时,通过 GIS 可以提取 DEM、河网、水系等下垫面特征,并可以依据河网等级对流域进行任意子流域划分或者进行网格化划分,为构建干扰水文学模型提供了重要基础。遥感具有宏观性、低成本、快速、可重复性、受地面条件限制少等一系列优势,是监测水文系统和水文环境变化的重要手段。从学科性质上而言,干扰水文学既是水文学的基础学科,也是水文学的应用学科,还是自然科学和人文社会科学的交叉学科。干扰水文学的学科体系相对比较丰富,按照尺度分类,干扰水文学分为景观干扰水文学、流域干扰水文学、区域干扰水文学、全球干扰水文学。按照干扰类型分类,干扰水文学可以分为农业干扰水文学、工业干扰水文学、旅游干扰水文学、战争干扰水文学、城市干扰水文学、生态工程干扰水文学、水利工程干扰水文学等。按照干扰主体分类,干扰水文学包括个体干扰水文学、群体干扰水文学、企业干扰水文学、政府干扰水文学等。按照干扰环境分类,干扰水文学包括干旱区干扰水文学、湿润区干扰水文学、寒区干扰水文学、热带区干扰水文学、温带区干扰水文学、荒漠区干扰水文学等。

第7章 人类水文干扰的初步实施

7.1 个体水文干扰初步实施

人类是水文干扰行为实施的主体,而人类是由个体所构成;同时个体构成了集合体,形成了政治、生产关系、文化、艺术等上层建筑的人类社会(海伍德,2011;萨缪尔森·保罗 等,2008;迈克尔·休斯,2011)。水文干扰过程要想获得良好的效果,从根本上需要每个个体担当和努力,同时,如果每个个体规范自身的水文干扰行为,很大程度上能够防治水文系统的损害。前面讨论了人类的水文干扰行为可以分为无意识和有意识两种,但是无意识水文干扰行为最终会转化为有意识水文干扰行为。因此,这里讨论的个体水文干扰初步实施主要是指有意识的个体行为。个体的水文干扰初步实施需要坚持以下基本原则。

7.1.1 提高自身水文认知和水文素质

个体在进行有意识的水文干扰行为时,意识到自身的行为将会对水文系统产生影响,但往往不知道这种行为到底对水文系统产生多大的干扰,对哪种水文要素、水文过程和水文环节产生相对更大的影响以及其中的影响的基本过程如何。更为严重的是,对于水文相关的认知是错误的,进而采取错误的干扰行为或者选择不正确的水文干扰特征参数。这是认知水平有限的原因。人的认知是一个不断深化、扩展和向前推移的过程。因此,个体需要通过各种方式学习水文学相关知识,对于外界施加的水文知识需要内化,以提高自身的水文认知水平。

7.1.2 担当水文社会角色的责任

每个个体生活在社会当中,具有多重角色的身份(郑杭生,2009)。而每个角色具有其社会所期望或者法律道德所规定的权利和义务(郑杭生,2009)。但是同一个体的不同角色之间往往存在着冲突(迈克尔·休斯,2011)。例如对于某个人,相对妻子来说,扮演丈夫的角色;对于儿子来说,扮演父亲的角色;对于父母来说,扮演儿子的角色;对于整个家庭来说,扮演户主的角色;而对于国家来说,扮演公民的角色。在选择和实施水文干扰行为中,不同的角色会引起他们内心强烈的矛盾和斗争。很多人可能为了整个家庭,扮演好户主、儿子、丈夫的角色,权衡后选择损害水文系统的干扰行为或者方式,因为水文系统的损害具有匿名性和间接性。但是我们不要忘记,作为一个公民,有义务去保护水文系统和水文环境。因此,每个个体需要正确协调多重角色之间的冲突,担当起水文系统保护和防治的部分责任。

7.1.3 兼顾水文方面眼前利益与长远利益

在个体水文干扰初步实施中,需要兼顾水文方面眼前利益与长远利益。损害水文系统的干扰行为很多时候是因为只顾及当前的利益,特别是经济收益,而缺乏水文方面长远利益的考虑。由于水文系统和水文环境具有一定的韧性,损害行为的水文系统显性症状往往需要通过较长的时间才能表现出来;同时水文方面的利益并不能在市场上进行交易,转化为货币收益。

尽管如此,一旦水文系统崩溃,那最终影响的还是个体,会严重损害个体的当前收益。

7.2　企业水文干扰初步实施

个体以交往为纽带形成了群体(组织)。企业是一个对水文干扰过程起重要影响的社会群体,它往往扮演着破坏水文环境和水文系统的反面角色。因此,企业水文干扰行为对流域、区域乃至全球的水循环过程都起着关键的作用,需要给予特别的关注。企业水文干扰初步实施需要坚持以下基本原则。

7.2.1　兼顾经济效益与水文方面的社会效益

企业是以盈利为目的的社会群体(组织),这是由企业的性质所决定的(萨缪尔森・保罗等,2008)。因此,企业的行为始终围绕着盈利这一中心。但是这和追求社会效应并没有冲突。企业的生产和废物的处理与水文环境以及水文系统有着密切的联系。尽管从眼前来看,由于水文收益具有经济的外部性,采取有利于水文系统的行为,例如研发和采用节水技术和废物处理技术,主动参与水文系统和水文环境的捐赠或者活动等,短期内可能增加企业成本,降低企业利润。但是,企业作为社会组织,在创造社会财富的同时,有义务在生产过程中保护环境,这也是社会对于企业应有的期望。更重要的是,这也能够增强消费者对该企业产品的认可,从而增加该企业产品市场竞争力和销量,最终增加企业利润。因此,从长远来看,这种行为能够给企业带来丰厚的利润。因此,企业在水文干扰行为中,需要兼顾经济效益与水文方面的社会效益。

7.2.2　树立良好的水文社会形象

企业形象是企业在市场上的一个整体印象,其中就包括企业在水文保护或损害方面的形象。企业形象是一种无形的资产,能够给企业带来长久的收益(萨缪尔森・保罗等,2008)。因此,企业需要通过各种方式来树立自身良好的水文社会形象。而要实现这一目标首先需要在生产过程中尽量避免污染水文环境,损害水文系统;对水文系统和水文环境造成损害后,应该积极主动地采取水文干扰行为以恢复水文环境和水文系统。同时,积极参加水文保护性公益活动等也是企业提升水文社会形象的重要形式,应该纳入企业产品营销的内容。

7.3　政府水文干扰初步实施

7.3.1　实施原则

7.3.1.1　师法自然水文系统

师法自然水文系统包括两层含义。从干扰结果上是指模仿自然水文系统,营造接近自然的水文环境,构建人与自然和谐,依靠自然,人工促进的水文系统。从干扰过程上看,需要模仿自然对水文系统的干扰过程来设计和管理人类的水文干扰过程。水文系统除了来自人类的干扰,还一直存在来自自然的干扰,例如群落的演化、野火、暴雨、地震等。但自然水文系统具有韧性,长期处在干扰—自我恢复—再干扰—再恢复的循环模式中,而这种模式一直保持着自然水文系统周而复始地循环。这一点在人类诞生之前的自然水文系统能够获得验证。模仿自然水文干扰过程,具体来说,需要在干扰尺度、干扰面积、干扰强度、干扰持久度、干扰周期、干扰频率、干扰时空布局等干扰特征方面模仿(图 7.1)。

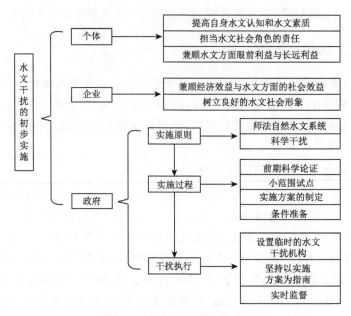

图 7.1　水文干扰的初步实施

7.3.1.2　科学干扰

科学干扰主要包括科学理论的指导、科学决策和科学评估干扰震荡。政府水文干扰初步实施首先必须以科学理论为指导,而不是根据经验、思维定势主观地进行水文干扰行为。其次,是坚持科学民主决策,只有这样才能避免偏听,制定一个科学合理的水文干扰方案。科学评估干扰震荡首先必须保证客观,要保证客观,需要确保评估主体的客观性、评估方法的客观性、评估过程的客观性以及结果呈现的客观性。科学不能停留在意识阶段,应该成为一种干扰理念,并融入整个水文干扰过程中,成为一种精神。

7.3.2　实施过程

7.3.2.1　前期科学论证

水文干扰行为的科学论证主要是论证其可行性。水文干扰行为,可行性涉及很多方面,主要包括资金投入、科研工程人力资源、科技水平、水文、水文环境等方面的可行性。资金投入的可行性是论证资金来源是否稳定可靠、是否足额、是否属于经济发展可承受范围之内,这从根本上决定了水文干扰行为的开展与否以及规模、频率、时空格局等干扰特性。科研工程人力资源是论证水文干扰行为是否具有开展的人员条件,包括相关科研专家和技术人员。科技水平论证主要评估目前的科技条件是否满足要求,特别是一些核心和关键技术。水文论证主要是评估干扰行为是否具备相应的水文条件和水文情势。水文环境的论证是评估地质地貌、生态系统、气象条件等水文环境是否满足开展该干扰行为的条件。由此可见,水文干扰行为的前期论证涉及面较广,因此需要水文学、地质学、生态学、经济学、管理学、地理学、气象学、社会学、地质学等各专业领域的专家参与;同行需要分专题进行专业论证。

需要特别注意的是专家的来源必须多元化,具体来说,需要来自多单位、多学科、多国家或行政区,尽量减少血缘、地缘、学缘和业缘关系的负面影响,确保论证的客观性,防治"群体极化"现象的出现(孙时进,1997;约翰·M 等,2016)。更重要的是,论证阶段不能遵循简单投票诸如此类的少数服从多数的原则。因为,水文干扰行为论证带有相当大的科学成分。科学史的发展历史上不乏出现真理掌握在少数人手里,而绝大多数人反而是错误的。不遵循少数服从多数的原则,是为了遵循科学规律。那么面对论证意见不一致状况应如何处理呢?简单来说,是坚持实事求是原则,具体而言,通过实地考察、收集数据,通过科学方法验证各方观点,排除错误论证意见,从而统一论证结论。

7.3.2.2　小范围试点

开展小型试验是正式开展水文干扰行为的一个重要环节,目的是检验假设,取得水文干扰过程的实际经验,发现存在的问题。前期的论证更多的是理论方面,需要通过实践来检验。而通过完全开展水文干扰过程来检验将会付出沉重代价。因此,小范围的试验是一个理想的形式。马克思主义观点认为,试验是实践的一个重要方式。试点也是一个检验假设的重要手段。对于水文干扰试验,需要根据情况考虑两种形式:实验室控制性试验和野外试点。对于依赖自然水文环境较小或者在实验室能够重现的假设,可以采取实验室控制性试验。而对于依赖自然水文环境较大或者在实验室无法重现的假设需要采取野外试点方式。但是由于水文环境十分复杂以及人类认识的有限性,实验室很难完全重复这种自然状态,因此往往需要采用野外试点。

试点行为具有一个重要的假设,那就是基于试点的结果是能够推广的,类似于"辐射效应"。但事实上,水文环境和水文系统具有较强的空间异质性,空间上某一试验点的结果很难扩展到更大范围,面临尺度上推的难题。基于这方面的考虑,水文干扰野外试点的地址需要具有代表性,能够代表正式实施的区域水文状况。从这方面考虑,试点地址在正式实施区域内或者邻近区域选择比较合适。同时,对于试点的结果需要甄别和剔除地址特殊性所导致的内容后才能进行推广扩展。

7.3.2.3　实施方案的制定

政府水文干扰初步实施需要一个纲领性文件和指南,以引领整个水文干扰过程。而它就是实施方案。那么这个实施方案必须具有科学性和全面性。实施方案的科学性需要确保方案是基于科学理论制定,制定过程科学、指导内容科学。全面性是指方案需要预估各种可能出现的状况,并给出应急方案。

7.3.2.4　条件准备

水文干扰行为实施的条件包括大条件和小条件。大条件是水文干扰行为实施的时代背景。这一点对于大规模、长周期的水文干扰行为的实施至关重要,例如世界上规模最大的调水工程——南水北调工程。这种大型的水文干扰行为需要成熟的时机和背景。例如三峡工程,孙中山先生在 1918 年就已经提出设想,但由于缺乏实施的经济、政治、技术和文化等条件,经历数十年后,直至 1993 年才正式开展实施。小条件准备是为水文干扰行为,在经费、人员、物质,以及设置制度、舆论方面的准备。大条件相对来说是历史发展的产物,我们无法改变。但是小条件的准备我们基本是能控制的,因而需要保证准备充足。

7.3.3　干扰的执行

7.3.3.1　设置临时的水文干扰机构

水文干扰是一个系统工程,涉及诸多方面。因此,在具有条件的情况下需要设立专门的水文干扰机构。临时的水文机构将单个个体凝聚成一个正式的社会群体(组织),具有诸多优点。

其一,可以为了实现共同的水文震荡目标而统一行动中央专门机构以及跨区域跨部门的地方机构。其二,由于水文干扰是基于一定的水文保护或者修复目标而产生,而水文干扰震荡实现后又将会结束。而社会并没有针对性的管理部门和机构。因此,设置临时专门的水文干扰机构可以协调各常设部门以及各成员之间的关系,以提高干扰效率。需要特别强调的是设置这个临时的水文干扰机构由实施机构负责,并不是监督机构。

7.3.3.2　坚持以实施方案为指南

实施方案一旦执行,需要全员遵照执行。整个干扰团队是一个整体,而不是个体的简单集合(约翰·M 等,2016)。而实施方案是连接各成员的重要纽带,只有全员以实施方案为基准,才能增加团队的凝聚力和向心力,并形成前进的合力。坚持以实施方案为指南并不意味着墨守成规,不从实际出发。在实施水文干扰过程中,可能出现前期没有考虑到的情况或者是具有偏差的内容。这种情况下,需要通过一定的程序重新修订原实施方案。

7.3.3.3　实时监督

实时监督是水文干扰行为的重要保障。实施监督最为关键的是确定监督团队。水文干扰行为实施的监督需要其他团队来执行,不能“自己监督自己”,以保证客观性和公正性(罗宾斯,2012)。监督团队可以通过三种方式实现。其一,可以建立临时的监督机构,其存在时间和临时的水文干扰实施机构同步。其二,可以委托专业的国内外专业评估机构开展。其三,可以根据需要从国内外机构邀请相关专家进行评估,平时这些专家在所属单位从事自己的工作,需要评估时才汇聚,所谓“寓管于民”。

7.4　本章小结

水文干扰过程要想获得良好的效果,从根本上需要每个个体的努力,同时,如果每个个体规范自身的水文干扰行为,很大程度上能防治水文系统不健康。个体有意识的水文干扰初步实施需要坚持的基本原则包括:提高自身水文认知和水文素质、担当水文社会角色的责任和兼顾水文方面眼前利益与长远利益。企业水文干扰行为对流域、区域乃至全球的水循环过程都起着关键的作用,需要给予特别的关注。企业水文干扰初步实施需要坚持的基本原则包括:兼顾经济效益与水文方面的社会效益和树立良好的水文社会形象。企业水文方面形象是企业的一种无形的资产,能够给企业带来长久的收益。政府水文干扰初步实施需要坚持师法自然水文系统原则和科学原则。师法自然水文系统包括两层含义。从干扰结果上是指模仿自然水文系统,营造接近自然的水文环境,构建人与自然和谐,依靠自然,人工促进的水文系统。从干扰过程上看,需要模仿自然对水文系统的干扰过程来设计和管理人类的水文干扰过程。科学干扰主要包括科学理论的指导、科学决策和科学评估干扰震荡。科学不能停留在干扰理念,而是要融入整个水文干扰行为中,并成为一种精神。水文干扰初步实施过程主要包括前期科学论证、小范围试点、实施方案的制定和条件准备等环节。在干扰的执行过程中,需要设置临时的水文干扰实施机构,严格坚持以实施方案为指南,并开展实时监督工作。

第8章　人类水文干扰震荡的评估

人类活动干扰震荡的评估是人类活动水文干扰过程的 5 个环节之一,具有承前启后的联结作用。人类实施干扰行为后,水文系统将会产生对应的水文响应或者说是干扰震荡。尽管这种水文系统的干扰震荡是客观存在的,但由于很多并不是很明显或者说是"无形"的,不能轻易地探测到。因此,需要通过一个专门的环节进行详细的评估。及时的专门评估具有三个方面的重要作用。其一,为了有效地进行水文干扰,往往需要进行小范围的前期探索性试验,以初步掌握区域水文系统对干扰的反应状况,而干扰震荡的评估能够收集相关的信息,为初步干扰行为的决策和实施提供强有力的支撑和参考。其二,可以尽可能全面地掌握水文系统对某一初步实施干扰行为的响应。其三,可以为接下来水文干扰行为的调整,进而实施再次干扰行为提供具有针对性的依据。

8.1　评估原则

8.1.1　科学合理原则

评估工作应该由水文学及其相关学科的专业人员实施,制定科学合理的评估方案,包含严格的质量控制、质量保障和不确定性评析方案。遵循科学合理性原则,首先要保证评估人员的专业性与结构合理性。人类活动干扰震荡的评估需要水文学以及其他相关学科的专家学者、管理人员、一线工程技术人员等各种人员参与,并在年龄、性别、学科等各方面进行结构优化。其中,为了保证评估的科学性,水文学以及其他相关学科的专家学者是核心人员。相关学科的专家长期从事本专业的研究,是对应学科领域知识的创造者,能够凭借目前已有的知识和技术手段尽可能地挖掘和再现水文系统诸多隐形的响应过程和反馈机制。此外,评估需要制定严格的质量控制、保障和不确定性评估的评估方法。评估必须保证一定的精度、可行度和准确度,而不仅仅是有个结果。

8.1.2　独立客观原则

评估人员需要根据相关专业知识客观公正地评估人类活动干扰震荡,不能因利益关系受到外部的干扰。因此,设立第三方评估机构,或者委托第三方机构进行评估显得很有必要(郑杭生,2009;海伍德,2011;罗宾斯,2012)。这样能够尽可能地规避评估过程中其他因素的干扰,避免出现人为失真。如果评估结果失真,将会对干扰结果产生错误的归因,误导人类的水文干扰行为,对水文系统将会产生不可估量的损害。

8.1.3　因果关联原则

马克思主义唯物论观点认为世界上的事物是相互联系的,但是具体的两个事物并不一定存在联系。即使两个事物存在联系,但也并不一定存在因果联系。因果联系必须满足两个条件,其一是原因事物必须出现在前,果在后;其二,后面出现的事物必须是由另外一个事物所引起的。前后顺序很容易判断,但是探究原因相对比较难。水文系统是一个自然动态开放系统(芮孝芳,2013),除了受到特定的人类活动干扰外,还受到其他许多因素影响,并不能像实验室一样进行控制性试验。干扰震荡需要识别特定人类干扰行为所产生的水文或者水文环境的影响,寻找因果关联。

8.1.4　突出重点原则

人类活动干扰震荡评估的内容主要是水文系统的响应。具体而言,主要是评估人类的干扰行为对水文要素、水文过程、水文系统结构和功能的影响。因此,水文系统的干扰效应是重点,而不是生态系统或者其他地理环境系统。这个重点在评估方案、评估具体目标、评估人员的组成等整个评估过程中应该有所体现。

8.1.5　全面兼顾原则

水文系统和其他地理环境是紧密联系的,并不是孤立的。因此水文系统的变化很可能引起其他地理环境要素的波动,这种波动可能对人类来说是有利的,但也可能是不利的。因此,在重点评估水文系统响应的同时,需要统筹兼顾,评估密切关联的其他地理要素的变化,为干扰行为的决策、实施和调整进行权衡提供依据,防止水文系统出现"次优值",而对其他地理要素或者系统产生损伤。

8.2　评估标准

一个水文干扰行为是否成功实施,判断的标准是什么呢,这是学者、管理者和公众需要清楚的问题。前文已经阐述人类无意识的水文干扰行为最终将会上升到有意识的水文干扰行为。与此同时,水文系统属于人类生存的自然地理环境,环境属于公共产品,因此,有目的的大规模的水文干扰行为,例如水文系统和水文环境的保护、改善、恢复等,主要由政府引领和主导(萨缪尔森·保罗 等,2008)。人类活动是有目的的,这种有意识的水文干扰行为毫无疑问有着干扰预期。如果从成功本身的定义而言,实现干扰预期,那么干扰行为就是成功的。但由于承受干扰行为对象的特殊性和干扰震荡牵涉的广泛性,评价标准需要考虑更多。

8.2.1　干扰预期标准

是否实现干扰预期目标是判断一个干扰行为是否成功实施的基本标准。人类干扰水文系统是一种改造世界的行为,是人类主观能动性的具体表现形式,而人的主观能动性的表现是目的性。为了达到干扰预期,人类的水文干扰行为的实施过程中会投入大量的人力、物力和财力。因此,干扰预期的实现与否至关重要,它是进行水文干扰的出发点和原动力。干扰预期是多种多样的,例如实现干涸的河道重新有径流,增强/减弱地表下渗,提高/减少植物蒸腾量,增加/减少土壤含水量,增加/延缓汇流速度,减少极端水文事件的强度和发生频率,等等。如果干扰预期没有实现,很难说一个水文干扰行为是成功的。

8.2.2　可持续性标准

这是人类活动干扰震荡评估的最高标准,也是首要评估标准。凡是和这一标准相矛盾的评估标准和评估结果都是无效且不成功的。可持续性标准需要我们进行注重水文系统内部之间以及和其他水文环境系统之间和谐,进行统筹兼顾,而不能片面追求实现干扰预期,损害其他水文要素和水文系统结构和功能;更不能破坏大气圈、生物圈、岩石圈和土壤圈。例如,为了让干涸的河流再次能够有径流,我们可能采取干扰行为,尽管实现河道有水流是干扰预期,但是为了实现这一目标不能破坏蒸发、下渗等其他水文要素和水文过程,更不能破坏自然地理环境;否则,尽管实现了干扰预期,但是从长远来看是失败的。

8.3　评估流程

评估流程主要包括组建评估团队、制定评估方案、实施评估过程、厘定因果关系、复核评估结论和编制评估报告 5 个步骤。

8.3.1　组建评估团队

组建一支高水平的评估团队直接关系到评估结果的水平和高度。为满足评估的突出重点原则,水文专家在整个人员构成中应该占主体地位,以发挥主导作用。干扰水文学也是一门自然和人文社会科学的交叉学科,水文干扰过程涉及众多研究领域。为了实现全面兼顾原则,评估团队除了水文专家,还需要自然地理学、生态学、环境科学、管理学、心理学等学科的研究专家,同时除了科研人员,还需要工程技术人员、管理人员的参与。为了实现科学合理性原则,评估团队的专家需要在其所在的研究领域具有较高的学术造诣,这样才能制定科学的评估方案、厘定因果关系和进行科学归因。为了实现独立客观原则,可以委托第三方机构平台。如果没有合适的第三方委托平台,需要确保评估团队的人员与评估项目没有利益关系,同时团队成员的单位来源、区域来源应该多元化(约翰·M 等,2016)。

8.3.2　制定评估方案

通过资料收集分析、文献查阅、座谈走访、问卷调查、现场踏勘、现场快速检测,初步掌握水文系统和水文环境对具体人类活动干扰的响应情况,了解评估流域/区域的水文状况和水文环境状况,确定评估的重点区域和评估空间布局,以及主要水文要素、水文过程和水文环境要素与过程,决定每一步评估工作要采用的具体方法,最终编制可执行的评估工作方案(图 8.1)。

8.3.3　实施评估过程

在这一部分主要是执行评估方案,全面而准确地探测出水文系统和水文环境对具体人类活动的响应情况,量化具体人类活动行为实施前后水文系统要素、过程、结构和功能以及水文环境的变化。在这个阶段,需要充分发挥工程技术人员以及各种研究手段的作用,以获得全面的水文系统和水文环境对具体人类活动行为的反馈信息。地面采用调查、试验方法,空中利用遥感地理信息系统等新一代信息技术,形成天地空多层次立体方式很有必要,可以大大提高评估效率和信息的客观准确性,特别是在流域及其以上的宏观大尺度上。

8.3.4　厘定因果关系

厘定因果关系是评估中最为关键的一步,也是难点,需要具有较高的专业知识。水文系统除了特定的人类活动干扰行为,例如退耕还林,还不可避免地受到其他人类活动以及气候变化等其他因素的影响。而评估是确定特定的水文干扰行为对水文系统以及水文环境的影响。评估过程中所获得的水文相关状态信息很可能是各种原因综合作用的结果。需要通过一定的手段来分离特定人类水文干扰活动的引起量,进而获得贡献率。对于水文系统的因果关系厘定可以通过评估中收集的各种数据和信息构建概念性水文模型、半分布式水文模型或者分布式水文模型,然后通过基于控制变量的方法,设置不同的情境,分离出特定水文干扰行为的贡献

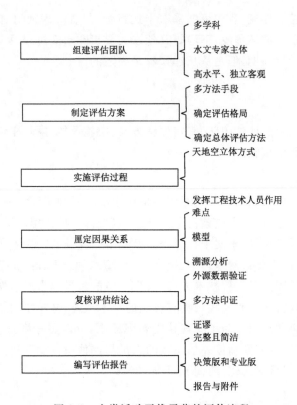

图 8.1　人类活动干扰震荡的评估流程

率。由于目前已有的水文模型考虑量化的水文干扰行为较少且不全面,很难满足具体的评估要求,基于评估目的开发特定的模型很有必要。同时,结合物理分析和数理统计方法也可以探测出特定人类干扰活动的贡献率,例如主成分分析方法、偏最小二乘法、弹性系数法等(黄斌斌等,2018)。厘定水文环境,特别涉及化学元素的迁移过程的因果关系可以通过溯源分析技术,例如同位素比值分析法、构建扩散模型与受体模型等。

8.3.5　复核评估结论

由于水文系统的复杂性、数据的多元性、研究方法的不确定性以及评估过程的误差,需要对初步评估结论进行复核。复核结果主要通过其他来源信息进行验证或者印证。首先,通过其他来源的可靠数据对结论进行验证。然后,通过使用评估过程中未使用的方法再次进行评估,来印证评估结果的正确性。此外,证明一个结论是正确的往往很难,但是证谬相对较容易,只需要一个例子就可以推翻结论。因此,需要判断评估结论是否和常识、专业原理以及原有结果相矛盾,如果出现相悖,需要返回去进行复查,找出问题的原因所在,并进行修正。

8.3.6　编制评估报告

编制评估报告是人类活动干扰震荡评估环节的最后一个环节。评估报告是前面评估工作的最终成果,需要注意以下几点。

(1)报告需要完整,清晰交代评估目的、评估方法、原理解释、评估结论和对应的水文干扰建议。特别需要给出不确定评估结果,以及结果的可能性误差大小。

(2)如果只出具一套评估报告的情况,由于评估报告的审阅者很可能涉及专家学者、政府决策者、群体管理者、普通工程技术人员,甚至普通民众,因此,报告不能过于专业,出现过多专业术语,尽量深入浅出。如果可能,可以出具两套评估报告,分别是决策版和专业版。专业版面向科研人员和专家,而决策版面向管理层、决策层和普通民众。

(3)报告需要简洁。报告本身不能过长,一方面会影响报告的重点,同时很多内容并不一定是管理层、决策层或者民众感兴趣的。因此,建议报告本身简洁,详细的阐述可作为附件。

8.4　本章小结

人类活动干扰震荡的评估是人类活动的水文干扰过程的 5 个环节之一,具有承前启后的联结功能。鉴于其重要性以及水文系统的特殊性,需要通过一个专门的环节进行详细的评估。人类活动干扰震荡的评估需要遵循科学合理原则、独立客观原则、因果关联原则、突出重点原则和全面兼顾原则。判断一个水文干扰行为成功的标准除了看是否实现干扰预期,更要看是否符合可持续性标准。干扰预期标准是判断一个干扰行为是否成功实施的基本标准;而可持续性标准是最高标准,也是首要评估标准。评估流程主要包括组建评估团队、制定评估方案、实施评估过程、厘定因果关系、复核评估结论和编制评估报告 5 个步骤。其中,组建评估团队是保障,厘定因果关系是难点。

第9章　人类水文干扰的调整

人类活动干扰震荡的评估后,如果达到干扰预期,则终止水文干扰行为;如果没有或者没有完全达到干扰预期,则需要进行干扰行为的调整,进行再次水文干扰,直到完全达到干扰预期为止。

9.1　水文干扰调整的决策信息

9.1.1　水文干扰震荡的评估信息

震荡的评估信息是水文系统和水文环境对人类初步水文干扰行为的反馈信息,具有很强的针对性和参考价值,是调整决策中最为基础的依据。对于干扰震荡的评估信息首先需要保持一种正确的态度,对于与自身的认知出现失衡的情况下,需要积极弄清楚评估结果的来龙去脉,而不是出现各种不应有的情绪,甚至否定评估结论,或者根据自身认知来取舍评估信息。对于消极的评估结果会导致个体或者群体产生一定的压力。这个时候,决策者需要理性对待,不能迫于群体压力,产生从众心理,以个人的感情和情绪修改评估结论和评估信息。总之,干扰震荡的评估信息很可能会引起个人和群体的负面情绪和态度,决策者需要掌控方向并发挥引领作用,客观理性地对待,只有这样才能顺利通过实施,再次水文干扰行为,实现干扰预期。

9.1.2　经济状况信息

经济实力是基础(萨缪尔森·保罗 等,2008)。水文干扰行为的顺利实施需要以财力作为后盾。不论是个人、群体,还是政府,如果缺乏足够的经济支持,纵然有再好的水文干扰调整方案也只是一张废纸,无法实现。由此可见,经济是进行水文干扰调整方案制定的重要依据,它很大程度上决定了干扰类型、干扰尺度、干扰面积、干扰周期、干扰强度、干扰频率,甚至是干扰预期是否实现。因此,经济状况信息是决策过程中需要掌握的重要信息,因为需要根据当前经济状况和财力量体裁衣地制定调整方案并实施水文干扰行为。

9.1.3　科学技术信息

科技的进步导致人类改造自然的能力取得重大突破,使得人类在自然界的面前显得更加强大(李继红,2007)。科技的进步也使得人类对自然环境的保护、修复和干扰能力大大增强。尽管如此,科技的发展具有时代性,是一个漫长的过程,每个时代有着对应的科技水平。对于水文干扰而言,人类不能超越目前的科技水平,或者特定国家或者区域的科技水平进行决策和实施水文干扰过程,否则只能是空想。由此可见,水文干扰行为的调整过程不能脱离当前的科技状况,而是在其基础上制定可行的方案。当然,人类在短时间内可以进行某方面较小的科技创新,甚至在水文干扰过程中进行科技创新,但相对而言还比较小,而且这个较小的创新也是基于现有技术水平的基础上实现的。例如,在原始社会无法实现"人工降雨"这一技术创新,因为当时缺乏这一创新的科技水平和条件,而现在能够实现是当前科学技术水平状况满足了这一创新出现的条件。

9.1.4　团队与公众心理信息

水文干扰的主体是人,而人是具有一系列心理过程的个体(孙时进,1997;叶奕乾 等,2004),这种心理状态将会影响干扰行为,包括水文干扰行为的调整。之所以需要进行再次水文干扰行为,或者进行水文行为的干扰调整,那是因为没有达到或者没有完全达到初次水文干扰行为的干扰预期。这种情况下,由于每个个体的生存条件、人格因素、利益立场等的差异,不同人的情绪、态度并不同。但是也具有一定的共性,存在一个占主流的或者主体的心理反应。在调整水文干扰行为中,需要掌握这种主流和非主流的心理状态。首先,需要掌握干扰团队的心理反应,他们的情绪、态度、意志、信心对水文干扰过程具有直接影响。同时,需要通过访谈、问卷调查、心理测试、媒体舆论等各种手段掌握公众对之前初步水文干扰事件的心理,公众心理对水文干扰过程的影响尽管是间接的,但是它会影响干扰团队的心理,甚至他们的心理会传染给水文干扰团队成员,在二者相悖情况下,水文干扰团队成员将会承受相当大的心理压力。而心理压力会导致心理失衡,将会进一步影响行为。

9.1.5　风险与不确定性评估信息

对于水文干扰的调整行为,主要涉及干扰类型、干扰方向、干扰尺度、干扰面积、干扰强度、干扰持久度、干扰周期、干扰频率和干扰时空布局的调整。在掌握水文干扰震荡的评估信息以及当前经济状况信息、科学技术信息和团队与公众心理信息后将会产生一些调整意向和初步思路。但是不管是哪种调整思路,都存在一定不确定性,只能是预测,因此存在风险。这种风险一方面来自水文系统和水文环境本身的复杂性;一方面来自人类认知水文系统和水文环境的有限性;此外还存在其他的随机因素的影响。因此,对各种水文干扰调整意向和思路进行风险评估对决策具有重要的参考价值,必须掌握这方面信息。具体而言,需要掌握三个方面的风险评估信息。

首先是水文系统内部风险信息。水文系统内部各水文要素是相互联系的,任何一个水循环过程和环节的变化都会引起其他要素或者过程的波动。而干扰预期很多时候是非全面的,往往是针对某一水文环节或者水文要素,例如使得干涸的河道重新有径流,增加土壤含水量、增加地表下渗等。但是干扰行为在实现单一干扰预期时,到底可能对哪些水文要素或者水文过程和环节产生影响,这种影响的可能性有多大,是积极的还是消极的,影响程度有多大,这些风险信息需要事先进行评估并掌握。

其次是水文环境的风险信息。水文系统并不是孤立的,它和大气圈、生物圈、岩石圈和土壤圈是密切联系,甚至是镶嵌在一起的。水文干扰行为很可能会对这些水文环境的一些要素和生物地球化学循环、能量过程产生重要影响。调整的水文干扰行为可能对哪些水文环境要素产生影响,影响的程度多大,总体上是积极的还是消极的,等等。这些都需要事先进行评估,掌握这种风险。一方面为决策提供信息,另一方面可以采取对应的策略尽可能地规避这种风险,减少调整水文干扰行为负面影响的不确定性。

此外是经济社会的风险信息。区域的发展不仅仅是水文系统的良性循环和水文环境的改善,还有其他地理环境的整治和保护、经济的发展、人民生活水平的提高、社会保障福利的提升等(萨缪尔森·保罗 等,2008;海伍德,2011)。个体也是一样,除了水资源的需求,还有其他生产生活的消费需要支出。水文干扰行为无论对于政府、个人还是群体来说,投入的资金、精力和时间都有一定的"机会成本"(萨缪尔森·保罗 等,2008;海伍德,2011)。这种机会成本如果不断增大,将会影响水文干扰行为的持久性和强度,水文干扰行为具有中止的风险。同时,某些干扰行为将会付出一定的经济代价,损害某些群体或者个人的利益,而他们可能反对水文干扰行为,对水文干扰过程产生阻碍。此外,市场具有波动性,例如每隔一段时间的世界性金融危机,将影响水文干扰过程的投入。还有官员的任期、政治的动荡等也具有一定的不确定性。因此,需要针对具体的水文干扰调整行为,有选择性地评估并掌握这种来自经济社会的风险。

9.2　水文干扰调整的决策

水文干扰调整的决策过程包括科学合理归因、权衡与博弈方案制定以及民主科学决策3个主要环节(图9.1)。

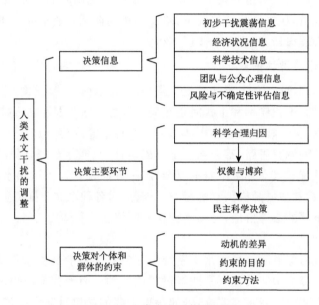

图 9.1　人类水文干扰的调整

9.2.1　科学合理归因

水文干扰调整的决策中最为关键的一步是对未达到干扰预期的原因进行分析,是重要的深层认知和反思过程,能够更好地控制和预测水文干扰行为。影响结果的因素不外乎是内因和外因。在水文干扰过程中,内因是干扰事件的实施主体——人类,按照不同组织形式可以分为个人、群体和政府等;而外因主要是指干扰事件的对象(水文系统和水文环境)以及影响干扰主体的外部因素。而稳定因素和非稳定性因素是另一个衡量维度。水文干扰之所以需要调整是因为初次水文干扰总体上是失败的。归因不仅意味着对失败结果的解释和说明,也意味着对干扰主体的评价,对他们再次进行水文干扰的动机、积极努力程度有重要影响。

科学合理归因首先要客观归因,才能达到科学的标准。干扰团队需要根据水文干扰评估报告,认真冷静地分析失败的原因。在此阶段不要太多地估计到个人感情和情绪,这关系到再次水文干扰事件的成败。只有诊断出导致失败的原因,才能对症下药,将失败的水文干扰转化为成功的水文干扰。在对整个失败的水文干扰事件进行客观归因的基础上,需要进一步做好善后工作,以调动干扰主体在接下来水文干扰过程中的积极性。初次水文干扰行为总体上是失败的,但不乏可圈可点的成功部分,把这些失败中的小成功归因于如个体的人格、情绪、心境、动机、欲求、能力、付出的努力等内在原因,可以使得干扰主体感到满意和自豪,进而对再次的水文干扰充满信心。把这些失败中的小成功归因于如能力强、品质好等稳定因素,也会提高以后工作的积极性。只有这样,才能达到合理归因的标准。

9.2.2　权衡与博弈

在水文干扰调整决策过程中,往往面临两难或者多难的情况。某些干扰调整方案对实现干扰预期可能相当有效,但往往会对其他水文要素、水文过程以及水文环境产生消极影响。此时,需要进行综合权衡和博弈。例如,为了实现防洪这一干扰预期,打算采用修筑水库大坝水文干扰行为来实现。水库大坝能够有效地达到防洪目的,但是水库大坝会导致下游生产生活用水减少,甚至出现季节性干涸,同时也会对生态环境产生众多的负面效应,例如,因淹没耕地而加剧库区人地矛盾,威胁自然物种的繁衍,因库区陆生生物和水生生物的栖息环境发生变化而改变物种类型、数量、多样性,水库上游与库区水污染及水体富营养化,当然水库大坝在发电、灌溉、航运、旅游等方面也能产生重要的积极效应。此时,干扰主体,特别是决策层需要根据区域环境情况、水文情况和干扰特性等综合权衡各种生态环境效应,进行博弈决策。

9.2.3　民主科学决策

在决策过程中需要给予各专业领域专家以及干扰团队各角色的言论自由权,认真倾听他们的意见。不同领域专家和不同角色成员的意见很多时候并不是正确和错误之分,而是视角的差异,多视角意见能够避免偏听之弊端。例如,生态水文专家可能侧重生物与水文的关系、经济学家可能侧重水文干扰和经济的关系,而生态学家侧重水文干扰的生态效应。然后通过表决等民主方式获得最终决策意见。在民主基础上需要坚持集中制原则,才能形成统一的最终决策。而干扰团队的凝聚力和向心力对形成统一的最终决策至关重要。但是过于极化容易出现群体思维。防止群体思维发生的 10 种具体操作方法(孙时进,1997)如下:

①使群体成员懂得群体思维现象及其后果和原因,同时克服"刻板效应"和"晕轮效应"。

②干扰团队的决策者应保持公正,不能形成警卫思想或产生警卫行为。

③决策者应引导每位团队成员对提出的意见进行批评性评价,鼓励提出反对意见和怀疑。

④应该指导一位或多位成员在决策过程中扮演反对者角色,专门提出反对意见。

⑤时常将群体分成小组,并让他们分别聚会拟议,然后再全体聚会交流分歧。

⑥如果问题涉及与对手群体的关系,则应花时间充分研究一切警告性信息,并确认对方会采取的各种可能行动。

⑦形成预备决定后,应召开"第二次机会"会议,并要求每位成员提出自己的疑问。

⑧在决议达成前,请水文干扰团队之外的专家与会,并请他们对团队意见提出挑战。

⑨每个群体成员,都应向可信赖的有关人士就干扰团队意向交换意见,并将他们的反应反馈回干扰团队。

⑩用几个不同的独立小组,分别同时就有关问题进行决议,最后决议在此基础上形成,以避免群体思维的不良影响。

9.3　水文干扰调整决策对个人和群体的约束

9.3.1　动机的差异

对于水文干扰调整的决策个体、群体和政府的态度有所差异,表现最为突出的冲突表现在政府与个体,以及政府与企业之间。而这种冲突的根本原因在于水文系统提供的服务是公共品,对于经济市场上来讲具有外部性。外部性是指一种其影响无法完全体现在价格和市场交易之上的行为(萨缪尔森·保罗 等,2008)。尽管现在城镇中用水需要付费,但是这个水价体现的是后期人类的加工等劳动价值的体现,自然水资源并不需要付费。这种外部性将会导致市场的无效率和失灵。对于个人和企业而言,破坏水文系统或者水文环境,他们并不需要承担成本,而保护和修复它们反而需要支付成本。也正因为此,市场手段无法促进水文系统和水文环境健康可持续发展,不会自愿保护和修复水文系统和水文环境,只有通过政府的宏观调控。因此,促进水文系统和水文环境健康可持续发展被认为是政府的合法职能。

9.3.2　约束的目的

水文干扰过程是一个系统工程,很多时候需要当地个人和群体配合参与。而由于政府与个人和企业等群体存在动机差异,同时由于初次水文干扰行为的失败让他们产生了恐惧,再次失败的风险意识增强。因此,个人和企业等群体很难自愿去遵循调整后的水文干扰调整决策。此时,政府需要采取一系列的手段去约束个人和群体的行为,以确保他们能够遵循调整水文干扰决策,进而保障再次水文干扰行为的顺利实施并完成。

9.3.3　约束方法

约束个人和群体遵循调整后的水文干扰决策主要有专业知识普及、制度约束手段、文化约束手段以及经济与市场杠杆手段。

9.3.3.1　专业知识普及

思想支配行为,人的认知水平往往决定了人的行为方式。因此,要约束人的行为必须从根本上提高人的认知水平。很多时候,民众并不是故意不遵循相关约束,而是他们缺失或者错误的认知所导致的。水文干扰过程涉及水文学、经济学、环境科学等各学科的科学原理,具有较强的专业性,绝大部分还未变成常识,因此,需要普及这种专业知识,提高民众的认知水平。在专业知识的普及过程中,需要注意以下几点。其一,需要将专业知识进行科普化,深入浅出,让普通民众能够理解。其二,除了进行显性普及外,还需要进行隐形普及。显性普及是我们平常能看到的明显的直接普及方式,例如培训、集中学习、进修、对民众进行讲解。隐形普及是通过环境、文化方式的润物细无声的间接普及方式。例如,在街道墙壁上张贴小标签、水文化节、水知识比赛等。其三,普及需要结合民众的生活实际,简单地宣传专业知识不仅枯燥且民众将会产生抵触心理。其四,普及方式需要充分利用互联网、手机 APP 等现代化教育技术,并制定有趣的节目等,从而提高受众人数,同时寓普及于乐。

9.3.3.2　制度约束手段

制度约束手段是指以全社会的名义颁布行为准则,并对全体社会个体、社会群体和社会组织的社会行为进行调节与制约的方式。制度约束手段以国家暴力为后盾,具有强制性,也正因为如此,收效甚快(郑杭生,2009)。制度包括法律、法规、规章、条例和法令等。法律是由享有立法权的立法机关行使国家立法权,依照法定程序制定、修改并颁布,并由国家强制力保证实施的基本法律和普通法律总称。法规指国家机关制定的规范性文件。例如,我国国务院制定和颁布的行政法规,省、自治区、直辖市人大及其常委会制定和公布的地方性法规。设区的市、自治州(2015《中华人民共和国立法法》最新修订),也可以制定地方性法规,报省、自治区的人大及其常委会批准后施行。法规也具有法律效力。规章是行政性法律规范文件,之所以是规章,是从其制定机关进行划分的。规章主要指国务院组成部门及直属机构,省、自治区、直辖市人民政府及省、自治区政府所在地的市和设区市的人民政府,在它们的职权范围内,为执行法律、法规,需要制定的事项或属于本行政区域的具体行政管理事项而制定的规范性文件。对于水文干扰行为的约束,法律显得周期长,且有时候不具有全国的普遍规范意义,因此往往不优先考虑。

9.3.3.3　文化约束手段

文化约束手段是指人类在长期的共同生活中创造的、为人类共同遵从的行为准则和价值标准对社会成员进行约束的方式。文化约束手段具有非直接强制性、自觉性和广泛性特性。非直接强制性指文化约束手段不是以强制力推行,而是以社会评价、内心反省等非直接强制力量实施的。自觉性是指人们在长期的社会化过程中,逐渐接受甚至内化了文化约束的价值标准和行为准则,人们在服从文化约束的时候一般没有强迫感,而是自觉自愿甚至不知不觉地遵从文化控制。广泛性是指遍及全体社会成员(郑杭生,2009)。因此,通过水文化去约束个人和群体去遵循调整后的水文干扰决策是一个制度约束手段的重要补充。水文化约束手段包括水伦理道德、水风俗习惯、水信仰信念和社会舆论等。

9.3.3.4　经济与市场杠杆

利用经济与市场的杠杆是另一个重要的约束手段,和其他的手段相比,这种手段更多依靠经济激励,利用市场规律(郑杭生,2009;迈克尔·休斯 等,2011)。前面提到水文服务具有经济的外部性,会导致市场的无效率和失灵。为了矫正这种情况,需要将水文服务经济的外部性转为内部性(桑燕鸿 等,2002)。对于水文系统输出的水资源,可以通过"水权"的方法进行市场交易。水权首先将区域/流域水资源总量可利用量公平合理地分配给个人和群体,形成虚拟可利用水资源(汪恕诚,2000;郑航 等,2019)。而个人或者群体实际使用水资源量小于被分配的虚拟可利用水资源量,剩余部分可以出售,反之则需要购买(郑航 等,2019)。对于保护水文系统和水文环境的个人,可以通过"水文补偿"和"生态补偿"按照市场价值给予补偿(桑燕鸿等,2002;汪恕诚,2000)。而对于破坏水文系统和水文环境的行为,通过生态环境损害鉴定后,折算成市场价值,个人或者群体需要支付赔偿相应的费用(於方 等,2020)。需要注意的是赔偿费用不能太低,否则仍然不能起到保护水文系统和水文环境的作用,因为个人和企业权衡成本后,博弈后仍然会选择损害水文系统和水文环境(萨缪尔森·保罗 等,2008)。

9.4　本章小结

人类活动干扰震荡的评估后,如果没有或者没有完全达到干扰预期,则需要进行干扰行为的调整,进行再次水文干扰,直到完全达到干扰预期为止。在制定水文干扰调整决策时,需要掌握水文干扰震荡的评估信息、经济状况信息、科学技术信息、团队与公众心理信息以及风险与不确定性评估信息。震荡的评估信息是水文系统和水文环境对人类初步水文干扰行为的反馈信息,具有很强的针对性和参考价值,是最基础的调整决策的依据。经济实力是基础。经济状况信息是决策过程中需要掌握的重要信息,因为需要根据当前经济状况和财力量体裁衣地制定调整方案并实施水文干扰行为。水文干扰行为的调整过程不能脱离当前的科技状况,而是在其基础上制定可行的方案。在调整水文干扰行为中,需要掌握这种主流和非主流的心理状态。风险与不确定性评估信息包括水文系统内部风险信息、水文环境的风险信息和经济社会的风险信息。水文干扰调整的决策过程包括科学合理归因、权衡与博弈方案制定以及民主科学决策 3 个主要环节。由于水文服务属于公共产品,具有经济的外部性,从而导致政府和个人以及政府与群体存在动机的不一致性,为了遵循调整后的决策,需要约束个人和群体的水文相关行为。约束主要包括专业知识普及、组织约束手段、制度约束手段、文化约束手段以及经济与市场杠杆手段。

第10章 人类活动与土地利用/覆被的关系

土地利用是人类对地表土地的利用方式,而土地覆被是地表覆盖状况。土地利用和土地覆被的区别在于土地利用强调人类对地表干扰的过程,而土地覆被强调人类对地表干扰的结果;同时土地利用主要范围是陆地,海洋多归并为土地覆被。二者的联系在于土地利用是土地覆被的过程和方式,而土地覆被是土地利用的结果。但是目前研究已经不进行严格区分,可以相互替换使用。主要原因之一是土地利用和土地覆被的类别和分类系统往往是重叠和相同的;主要原因之二是地表的海洋范围也是可以利用的,例如"围海造陆"后海洋还是可以被人类作为土地资源利用的。

10.1 土地利用/覆被变化对水文影响研究方法

早期土地利用/覆被变化(land use/cover change,LUCC)水文效应的研究主要利用小型的实验来进行,这种实验方法存在成本高、周期长等诸方面缺点。目前利用模型进行水文过程模拟的相关研究比较多。赵霞等(2017)将 SWAT 模型应用到盘古河流域,研究林地变化的径流响应。邓慧平等(2003)利用 TOPMODEL 模型研究了植被变化的水文效应。史培军等(2001)应用 SCS 模型模拟城市土地变化的水文效应。干旱区植被覆盖变化对水文的影响比较大(甘红 等,2003)。在各种模型中,半分布式的 SWAT 模型是研究土地利用变化水文效应十分重要的工具。

10.1.1 试验流域法

试验流域法是最早研究 LUCC 水文效应的方法。该方法将小流域(或小集水区)内的森林作为其中的一个条件来探讨森林与径流、流域水量平衡关系,主要包括以下四种类型。

10.1.1.1 平行流域法

即选择除植被条件外,其他水文条件大致相同的几个相邻流域,对径流情况及各种径流特征值直接进行比较。该方法本质上是基于地理学第一定律,即两个空间上越相近的事物,特征越相近。那么两个相邻的流域近似于两个相同的流域,不变的流域作为参照组,变化的作为控制组,从而来研究 LUCC 的单独水文效应。

10.1.1.2 单独流域法

即不设参照流域,将同一流域原始状态和试验后状态下的水文特征进行对比。该方法默认流域水文特征有着自身的演化规律,如果没有外部的干扰,在统计上应该遵循原始状态的规律(例如线性或者非线性函数)。试验后和原始状态规律的差就是外部干扰所导致。

10.1.1.3 控制流域法

即尽量选取条件相似的相邻流域,采取相同的方法进行平行水文观测,一定时期后,将其中的一个流域保持原状(参照流域),对其余流域进行短期或连续的试验处理(控制流域)。然后根据处理前后参照流域与控制流域水文要素的变化来分析 LUCC 的水文效应。控制流域法是平行流域法的继承与发展,相对平行流域法的控制条件更多。

10.1.2　水文模型

土地利用/覆被、DEM、土壤、气候变化等是水文模型的重要输入数据。在率定水文模型获得一整套参数后,设置不同的情景,这些情景根据控制性试验方法的原理,各种模型输入都保持不变,仅仅改变土地利用/覆被的输入。那么,水文模型输出的变化就是由于 LUCC 所引起的。而模型固然有误差,但是在模型情景的对比中已经被抵消。

10.2　土地利用/覆被变化对水文系统影响

土地利用/覆被是地表最重要的景观标志,而 LUCC 是人类活动与自然生态过程交互和链接的纽带,表征人类活动对陆表自然生态系统影响最直接的信号,是人类活动的集中反映。因此研究人类活动对水文水资源的影响一般是通过 LUCC 对水文水资源影响来实现的。土地利用/覆被变化是水文系统的控制性因素之一,它已经并且还将继续影响陆地水循环(Piao et al.,2010)。LUCC 在多个层次上影响着降水、蒸发、径流以及土壤侵蚀等方面,导致流域水资源的重新分配,并由此影响水循环的全过程(Dimitriou et al.,2010;Lu et al.,2015)。LUCC 能够改变水热传输、地表反照率和净辐射,进而改变流域水循环(Piao et al.,2010;Lu et al.,2015)。

LUCC 对水文系统有着重要的影响。地下水和地表水的循环过程和土地利用变化有着重要的联系(Townsend et al.,2003;Lerner et al.,2009)。例如,Costa 等(2003)研究表明林地对地下水和地表水有着重要影响;LUCC 和各种生态服务功能的变化也有着密切联系。实验和模型模拟是两种重要的研究方法(Du et al.,2013)。LUCC 对水文影响的相关方面的研究比较早开始,目前有较多的水文模型已经发展起来,基于物理意义的半分布式模型得到广泛应用(Wigmosta et al.,1994;Cong et al.,2008;Du et al.,2013)。

10.2.1　土地利用/覆被变化对潜在蒸发的影响

温度增加将会导致蒸发力(潜在蒸发,ET_0)增加,但是会伴随气温的升高而降低,出现所谓的"蒸发悖论"现象。研究表明,在世界很多地方都存在着这种现象。Yang 等(2012)观测到中国陆地整体上自 20 世纪 60 年代以来也出现了"蒸发悖论"现象。至于产生这种现象的原因目前并没有得到合理的解释。但在局部地区,例如中国西北的黑河上游地区,随着气温的升高,年 ET_0 和季节性 ET_0 也增加,却没有出现"蒸发悖论"现象。这种现象必然和所处的环境存在联系。黑河上游区域人口稀少,受人类活动的干扰很小,环境接近自然状态。不存在"蒸发悖论"现象,很可能与较少的人类活动有很大关系。分析以前的研究,发现存在"蒸发悖论"现象的研究区都在很大程度上受到人类活动的干扰,特别是城市区、工业区和农业灌溉区;而在接近自然状态的区域并没有出现这种现象,例如在西双版纳的哀牢山(Luo et al.,2017)。

10.2.2　土地利用/覆被变化对蒸发的影响

不同的土地利用方式下实际蒸散发(ET)不同,例如陆地上大约 45% 的蒸发来自林地(Maximov,2010)。LUCC 的变化对 ET 有着重要的影响,因为它能够显著地改变地球表面的能量平衡(Seneviratne et al.,2006)。研究表明,自然土地景观转化为农业用地将会改变地表粗糙度、地表反照率和其他相关属性,进而改变不同季节地表能量和净辐射(Kueppers et al.,2012)。而城市用地的扩张则会进一步增强城市的热岛效应。在西部干旱地区,草地转化为裸地对能量平衡的影响最大,进而影响地表蒸散发(Deng G et al.,2015)。森林面积的增加将会导致 ET 增加(王钧 等,2008;Alaoui et al.,2014;Yao et al.,2014)。总的来说,由于大尺度上 ET 数据获取不易,LUCC 对 ET 影响的研究还不够深入。

10.2.3　土地利用/覆被变化对径流的影响

LUCC 通过影响流域的蒸发机制,进而影响地表径流的初始条件,对流域的水文过程产生直接的影响(陈晓宏 等,2010)。地表状况的差异会对径流产生影响(Lan et al.,2008;Huang et al.,2010;Jencso et al.,2011)。以往研究对森林对水径流的影响比较关注,同时也存在争论。一部分研究表明森林能够提高空气湿度,增加降水量,从而增加径流(Wang K et al.,2012)。一部分学者则认为由于蒸发消耗径流减少(Yu et al.,2009)。森林与径流的关系还存在很多的不确定性,有较大的争议(Dijk et al.,2007;Neary et al.,2009),有待进一步研究。

10.3　土地利用/覆被状态能够代表人类活动

10.3.1　土地覆被变化是人类活动的结果

前文中已经提到,人类活动对大气圈、水圈、生物圈、岩石圈等地球各大圈层都会产生深刻的影响。很多区域的研究结果表明,人类活动是地球环境变化或者恶化的最主要驱动力。例如,Wang S 等(2015)研究表明过去 60 年黄河输沙量减少主要归因于人类活动的影响。其中,坝库、梯田等工程措施是 20 世纪 70—90 年代黄土高原产沙减少的主要原因,占 54%(Wang J et al.,2015)。2000 年以来,随着退耕还林还草工程的实施,植被措施成了土壤保持的主要贡献者,占 57%。Liu Y 等(2020b)研究表明黄河径流和泥沙 500 年来空前减少,为人类活动导致。近 40 年来,中国进行了人类历史上规模最大的土地系统可持续发展的干预活动,启动了包括三北防护林、天然林保护、退耕还林还草等一系列投资巨大、在国内甚至世界上都具有重要影响的生态环境建设工程(Bryan et al.,2018)。自 1998 年起,中国对可持续发展的投资急剧增加;至 2015 年,这 16 个工程在约 624 万 km^2 的土地上(中国国土面积的 65%)共投资了 3785 亿美元,并调动了 5 亿劳动力(Bryan et al.,2018)。中国的生态工程建设对整个地球环境影响是巨大的,研究表明过去 20 年全球绿化面积增加 5%,而中国成为全球变绿的最大贡献者(Chi et al.,2018)。大规模大型和特大型的大坝水库以及跨区域调水工程,永久性地、彻底地、不可逆地改变了河流的自然地理属性。城市化引起城市"五岛"效应,彻底改变了地表的自然状态,代之以道路、屋顶、停车场、居民用地等不渗透表面,彻底改变了地表状况和水文环境。不管是坝库、梯田、跨区域调水工程,还是生态环境建设工程、城市化,本质上都是对土地利用/覆被系统的改变。有人可能会说,气候变化也会影响土地利用/覆被。是的,最近大量的研究表明气候变化的确对全球环境产生影响,已经成为国际的热点话题。但是和气候变化相比,人类活动对全球环境的影响更大。例如,研究表明,在过去 50 年,人类活动导致全球河道径流年均变化−15.5±44.4 mm,而气候变化引起的河道径流变化仅仅+3.6±48.1 mm(Wang et al.,2020)。更重要的是,气候变化除了自身的演化规律,还受到人类活动的影响。很多研究表明,人类活动引起的气候变化是自然地理过程变化的主要驱动力,而不是自然演化那一部分(Padrón et al.,2020)。人类活动对自然环境变化的最主要驱动作用,是通过影响地球自然地理过程进而改变地表土地利用/覆被的状况来实现的。事实上,在水文研究领域,研究者们已经利用土地利用/覆被来代表人类活动进行相关的研究。

10.3.2　土地覆被类别的变化是人类活动引起的质变

　　每一类土地覆被类型都具有自己独特的特点,而类别就是用来识别它们的唯一代码或者名称。土地不仅具有数量特征,还有质量特征。尽管土地覆被的变化有时候是突发性的,例如修建居民用地突然占用耕地。但是大多时候是土地覆被缓慢的质量变化,具体表现在土壤特征参数的变化。尽管我们每天看到的是耕地,类别没有变化,但事实上由于人类活动的不断干扰,耕地的质量每天都在发生变化。这种由人类活动引起地表土地覆被的量变过程发展到一定程度必定会引起质变,导致土地覆被类别变化,这是质变的过程。例如,沙漠化、土壤侵蚀都是量变和质变的统一,量变最终引起质变,即地表状况彻底改变——土地覆被变化。

10.4　本章小结

　　人类活动的载体是地球表面,人类对自然环境的影响最终导致土地利用/覆被的变化。土地覆被变化是人类活动的结果,同时土地覆被类别的变化是人类活动引起的质变。事实上,水文领域的研究者们已经利用 LUCC 代表人类活动,基于试验方法或者水文模型模拟方法研究人类活动的水文效应。总之,土地利用/覆被及其变化能够很好地代表人类活动。

第11章 总人类活动干扰的量化方法

基于单一人类活动干扰的水文研究很可能会产生"次优值",据此指导实践可能对水文系统带来严重的后果,因此需要厘清总的人类活动对水文系统的单独干扰效应。而这一论题的前提和基础是量化总人类活动。根据量化内容,人类活动的量化总体上分为基于压力的方法和基于状态的方法两大类。基于压力的方法是从压力的角度出发,侧重对人类活动本身进行刻画。而基于状态的方法是从人类活动引起的状态变化角度出发定量化评价人类活动。

11.1 基于压力的方法

11.1.1 国际首次量化

最早进行人类活动量化研究的是以色列希伯来大学的道夫尼尔。道夫尼尔在 1983 年提出利用城市人口百分比(代表发展度)和文盲人数百分比(代表人对自然演替缺乏知识的感应度)来测量和计算人对地理环境的作用(刘世梁 等,2018)。很明显,人类活动不仅包括人类改造人文地理环境,还包括对自然地理环境的改造过程,而且人类改造自然地理环境的活动显得更为剧烈。而道夫尼尔的方案仅仅考虑了社会因素和人文因素,并没有涉及自然地理环境,显然不太合理。

11.1.2 国内首次量化

国内最先进行人类活动量化研究的是中国科学院科技政策与管理科学研究所的文英。为了增加不同区域的可比性,引入人类活动强度。人类活动强度是单位面积上的人类活动量。国内系统性定量分析人类活动强度始自文英(1998)对人类活动强度定量评价方法的初步探讨,他从自然、社会和经济三方面入手,选择地形起伏度、经济密度等 9 个指标,利用层次分析和权重加权法,对 1995 年全国各省市的人类活动强度进行了评估。

11.1.3 人类足迹指数

人类足迹指数(human footprint index,HFI)是 Sanderson 等(2002)提出的。他首次在全球尺度上(陆地)建立人类足迹指数评价人类活动对自然的影响程度。人类足迹指数将人类影响与影响区域的相互作用考虑在内,是一种人类影响相对于各生物群落最高影响记录百分比的归一化数据。人类足迹指数的计算首先由人口密度、土地利用转变、通达性、电力基础设施 4 种类型 9 个数据层通过缓冲区叠加分析及影响力赋值生成人类影响指数(human influence index,HII),然后根据陆地生物群落划分方法将全球划分为 15 个生物群落,计算陆地及每一群落中 HII 的最大、最小值,对 HII 进行归一化处理,得到最终的人类足迹指数。人类足迹指数得分越高,意味着人类活动的影响越大。人类足迹指数只适用于评估人类活动对陆地生态系统的影响。由于这种方法考虑了地球表层各种生态系统的差异,提供了全球尺度上人类活动对生态环境影响的分布信息。然后 Venter 等(2016)结合遥感和自下而上的调查方法,更新了 1993—2009 年全球尺度上的人类足迹指数。结果表明,全球尺度上人类足迹增加迅速,尤其是热带生态区和其他生物多样性丰富的地区。同时,富裕的国家和控制腐败力度强的国家其人类足迹指数表现出一定的改善迹象。后来,Etter 等(2011)在国家尺度上对人类活动的影响进行了评价;Allan 等(2017)在生态区域尺度上进行了人类足迹指数的计算。Woolmer 等(2008)的研究表明,尽管在生态区域尺度和全球尺度上得到的结果相近,但更精细地凸显人类活动的复杂性。

11.1.4　喀斯特干扰指数

Van 等(2005)提出了喀斯特干扰指数(karst disturbance index,KDI),用于衡量喀斯特地区人类干扰对环境的影响程度。喀斯特干扰指数的评价指标包含 5 大领域(地貌、大气、水文、生物和文化)31 个环境因子,每个指标都被赋予了 0～3 的干扰度值。KDI 是一种定性和定量评价相结合的方法,在奥地利、意大利、新西兰等地的研究中都被证明是一种有效评估喀斯特地区人类活动干扰强度的指标。

11.1.5　海洋生态系统多尺度空间模型

以上各种方法都是量化地球陆地表层,并没有涉及海洋。人类活动对海洋的干扰不断增大,Stachowitsch(2003)的研究表明,地球已经不存在原生的海洋地区。人类对海洋的影响往往带有突发性,且对于海洋的探测手段有限,以至于海洋地区人类活动的量化面临较大困难。尽管如此,一部分学者进行了相关的探索。其中,具有开创性意义的当属 Halpern 等(2008),他们在全球尺度上评估了人类活动对海域的影响状况,运用针对特定生态系统的多尺度空间模型评估了全球尺度上 17 种人类活动对应 20 种海洋生态系统的影响程度。Halpern 等(2015)又建立了 2008—2013 年 6 年时间尺度上全球范围内的人类活动累积影响。除了在全球尺度上的应用,该方法还被广泛地应用在地中海和黑海、加拿大太平洋海域、加利福尼亚海洋生态系统和法国地中海沿岸等区域尺度海洋生态系统的研究中。

$$I_c = \sum_{i=1}^{n} \sum_{j=1}^{m} D_i \times E_j \times \mu_{ij} \tag{11.1}$$

式中,D_i 为在位置 i 人类活动取对数标准化后的强度,范围为 $0～1$;E_j 为某种生态系统的出现或消失(0 或 1);μ_{ij} 为人类活动因子 i 对生态系统 j 的影响权重,范围为 $0～4$。

11.1.6　人海关系空间量化模型

李延峰等(2015)建立了人海关系空间量化模型(spatial quantization for the relationship between human-activities and marine ecosystems,SQRHM)。他们以莱州湾为例,量化人类活动对近海的影响程度。其原理是将人类活动所处空间位置作为人类影响作用点,量化海域内各单元点受作用点的影响程度。单元点受某种人类活动影响的计算如下:

$$I = \sum_{i=1}^{m} F_i \times \frac{D_i - d_i}{D_i} \tag{11.2}$$

式中,I 为某种人类活动对单元点的影响,该种人类活动存在 m 个作用点,用 i 表示第 i 个作用点;F_i 为该种人类活动第 i 个作用点的强度;D_i 为该种人类活动第 i 个作用点的最大影响距离;d_i 为单元点与该种人类活动第 i 个作用点的距离。单元点受多种人类活动综合影响的计算公式如下:

$$I_{综合} = \sum_{j=1}^{n} I_j \times W_j \tag{11.3}$$

式中，$I_{综合}$表示多种人类活动对单元点的综合影响，存在 n 种人类活动，用 j 表示第 j 种人类活动；I_j 为第 j 种人类活动对单元点的影响；W_j 为第 j 种人类活动在综合评价中所占的权重。

11.2　基于状态的方法

　　基于状态方法的思路是根据人类活动产生的生态效应，从土地利用变化、生态系统服务变化或者多个状态因子的变化角度侧面表现人类活动强度。

11.2.1　基于生态系统服务变化

　　生态系统服务（ecosystem services）是人类从生态系统中获得的各种惠益，包括有形的物质产品供给与无形的服务提供两方面，主要分为供给服务、调节服务和文化服务，以及维持其他类型服务所必需的支持服务，共 4 种类型（Costanza et al. ，1997；Daily，1997）。人类活动作用于区域生态系统，影响生态系统结构和功能，导致生态系统服务发生变化，而生态系统服务反过来作用于人类，对人类福祉产生影响（傅伯杰 等，2014）。因此，生态系统服务的变化可以反映人类活动强度对生态系统服务需求的影响。

　　生态系统服务是人类活动和气候变化综合作用的结果。基于生态服务变化量化人类活动的基本计算方法是生态系统服务应该值和生态系统服务实际值的差值。生态系统服务应该值主要通过模型获得，例如 InVEST 模型，通过控制气候变化要素，只改变人类活动输入参数的方法获得的生态系统服务价值即为生态系统服务应该值。而生态系统服务实际值通过调查、遥感等手段获得。

11.2.2　基于土地利用变化

　　近年来不少的学者基于土地利用状态数据对人类活动进行量化。从景观生态学角度而言，土地利用也是一种地表重要景观（Mark et al. ，2005）。因此，基于土地利用状态的人类活动量化往往融入景观视角。

11.2.2.1　人为影响指数

　　人为活动作用的结果是景观组分的原始自然特性不断降低，不同类型的景观组分代表着不同的人为活动或开发利用强度特征（陈浮 等，2001）。因此，可以根据景观组分及变化的特征，构建人为影响指数（human activity index，HAI），用于描述一定区域内景观受人为活动的影响强度，计算公式如下：

$$HAI = \sum_{i=1}^{N} A_i P_i / TA \tag{11.4}$$

式中，HAI 为人为影响指数；N 为土地利用景观类型的数量；A_i 为第 i 种土地利用景观的总面积；TA 为土地利用景观总面积；P_i 为第 i 种土地利用景观所反映的人为影响强度参数。人为影响强度参数（P_i）反映了不同土地利用景观的人类参与、管理、改造的强度和属性特征，既可用一系列指标的数据集反映，如 Lohani 清单法和 Leopold 矩阵法（Grigg，1985），亦可用 Delphi 法确定（曾辉 等，1999）。Leopold 矩阵含 100 种工程活动要素和 88 个环境的"特征"或"条件"（陈浮，2000），Delphi 法则涉及经济、生态、环保、城建等多领域的 21 个专家参与评估（表 11.1）。对比两种量化的结果，发现两者存在很大的一致性，说明量化的准确性很高。HAI 值在 0～1 变动，HAI 的数值越大，表明人为活动占优势的景观组分构成越大，人类活动影响强度越大；反之则小。

表 11.1　不同土地利用景观类型的人为影响强度参数(A_i)

景观类型	建成区	开发区	农田	林地	水体	果园	湿地	裸地	灌草地
Leopold 矩阵法	0.94	0.66	0.56	0.11	0.11	0.42	0.13	0.07	0.22
Delphi 打分法	0.96	0.70	0.54	0.09	0.09	0.45	0.15	0.08	0.24

11.2.2.2　人为干扰度指数

人为干扰度指数(hemeroby index,HI)是由"生态干扰度指数"发展而来,用来定量评估人类活动强度的指标,其基本理论是对不同人类活动方式进行干扰度指数赋值,其阈值范围为 0~1,"0"表示无干扰,"1"表示全干扰(Jalas,1995)。在此基础上,孙永光等(2012)认为人类活动存在边际衰减效应(即某种人类活动类型 HI 值随着距离该种类型的距离增加,会按照一定的衰减率(P)降低,当达到一定距离后,其活动强度衰减至 0)及叠加效应,进一步将人类活动强度的边际效应及不同人为干扰类型的叠加效应引入评价模型,构建了人类活动强度综合指数(hemeroby activity intensity index,HAII),具体计算公式如下:

$$HAII = HI + \sum_{i=1}^{N} HI_i \times P_i \tag{11.5}$$

式中,$HAII$ 为人类活动强度综合指数,$0 < HAII \leqslant N$;N 为人类活动因子总数;HI_i 为第 i 个人类活动因子本底值;P_i 为第 i 个人类活动因子距离衰减率。

11.2.2.3　景观发展强度指数

景观发展强度指数(landscape development intensity,LDI)是 Brown 等(2005)提出的用于量化人类对环境干扰程度的指标。它的基本思想可追溯至 Odum 的能值理论(Brown et al.,1992;严茂超 等,1998)。LDI 通过计算单位时间单位面积某土地利用类型的能值,取对数后将结果标准化从而评价人类对环境的干扰程度。其中,用 LDI 计算的能值是不可再生能源,包括电力、燃料、肥料、农药和水等。Brown 等(2005)将 LDI_i 的结果标准化为 1~10,1 代表未受干扰的自然土地利用,10 代表最高强度的土地利用。Vivas(2007)提出了修正的 LDI 计算方法,将 LDI_i 值修正为 0~42。LDI 的计算公式如下:

$$LDI_{total} = \sum \%LU_i \times LDI_i \tag{11.6}$$

式中,LDI_{total} 为某一景观单元的 LDI 值,$\%LU_i$ 为第 i 种土地利用类型占所有土地利用类型面积的百分比;LDI_i 为第 i 种土地利用类型的景观发展强度系数。

11.2.2.4　陆地表层人类活动强度指数

徐勇等(2015)提出了陆地表层人类活动强度(human activity intensity of land surface,HAILS)。他们以人类社会经济活动对陆地表层作用程度最高的土地利用类型——建设用地当量为基本度量单位,将不同土地利用类型面积按照建设用地当量折算系数换算成对应的建设用地当量,然后根据区域不同土地利用类型建设用地当量总和,从而获得人类活动强度。其中折算系数的确定是关键,它是以不同土地利用类型下的自然覆被改变与否及空气、热量、水分和养分能否进行正常交换为依据,形成两个层级 8 个特征标志和相应的特征值,并以此为计算标准,最终确定建设用地当量折算系数。具体计算公式如下:

$$HAILS = \frac{S_{CLE}}{S} \times 100\% \tag{11.7}$$

$$S_{CLE} = \sum_{i=1}^{n} SL_i \times CI_i \qquad (11.8)$$

式中，$HAILS$ 为陆地表层人类活动强度；S_{CLE} 为建设用地当量面积；S 为区域总面积；SL_i 为第 i 种土地利用/覆被类型面积；n 为区域内土地利用/覆被类型数；CI_i 为第 i 种土地利用/覆被类型的建设用地当量折算系数，不同土地利用/覆被类型的取值详见表 11.2。

表 11.2　不同土地利用/覆被类型的建设用地当量折算系数(CI)

	土地利用/覆被类型	特征标志说明	CI
耕地	灌溉水田/望天田/水浇地/旱地/菜地	表层自然覆被改变，种植 1 年生作物	0.2
园地	果园/桑园/茶园/橡胶园/其他园地	表层自然覆被改变，种植多年生植物	0.133
林地	有林地/灌木林地/林地	表层自然覆被未改变且未被利用	0
	未成林造林地/苗圃	表层自然覆被改变，种植多年生植物	0.133
	迹地	表层自然覆被改变	0.2
牧草地	天然牧草地/改良牧草地	表层自然覆被未改变但被利用	0.067
	人工牧草地	表层自然覆被改变，种植多年生植物	0.133
其他农用地	畜禽饲养用地	表层有人工隔层，水分、养分、空气和热量交换阻滞	1
	设施农业用地/农村道路/田坎	表层自然覆被改变	0.2

11.3　各种量化方法评析

11.3.1　基于压力方法评析

　　基于压力方法主要是通过叠加计算各种单一人类活动强度本身来量化人类活动。这种方法的总体趋势是考虑的人类活动相对越来越全面。这种全面一方面表现在量化指标上从道夫尼尔的纯粹人文社会活动到人类足迹指数的各种改造自然和人文经济环境的人类活动；另一方面表现在空间范围上，从地球陆地表层扩展到海洋。

　　尽管如此，这些方法在通用性和区域可比性方面存在很大问题。具体来说，喀斯特干扰指数（KDI）只适用于喀斯特地貌分布区。而人海关系空间量化模型（SQRHM）主要适用于受外海影响较小，水交换能力较弱，海底地形相对平缓以及综合开发程度较高的海湾地区。人类足迹指数（HFI）尽管相对比较全面，但是获得如此多的数据对很多地区都存在困难，特别是人文社会数据，这增加了该模型的操作难度，限制了该方法的通用性。

　　更重要的是，将各人类活动分量简单进行相加不合适。因为各种人类活动分量并不是独立的，而是相互联系的。这种简单的相加方法将会导致重复测算，使得人类活动虚高。作者认为，人类活动应该是一个矢量，即既有大小，又有方向，各人类活动强度之间存在着各种非线性的抵消、合成等。

　　考虑的指标越多，相对来说能更加全面地反映人类活动的全貌，似乎更加能够获得更为精确的人类活动量化数值。但是可能事与愿违。这主要是两个方面的原因。其一，从社会角度上讲，人类活动是指人类一切可能形式的活动或行为，触及了生物圈中的每个地点、组成部分和过程，包括个体、群体、社会、政治、经济等不同方面。从人与自然关系视角出发，人类活动包含人类为满足自身生存和发展对自然环境所采取的各种开发、利用和保护行为的总称。显然，量化各个方面不可能,也不必要,只需要量化主体就可以。其二,目前获得总的人类活动量化值是利用线性的相加法,这种方法随着分量的增加,重复计算值很可能迅速增大,误差很大。

11.3.2　基于生态服务变化方法评析

基于生态服务变化量化人类活动的方法能够反映人类对生态系统的干扰程度。然而这种方法仅仅反映人类活动对生态系统,甚至生物圈的影响,这只是人类活动的一部分。因为地理环境包括大气圈、水圈、生物圈、岩石圈、土壤圈等各大圈层,而生物圈只是其中之一。此外,生态系统服务是相对人类来说的,也就是基于服务人类的价值,然后遴选一些表征指标进行计算,因此,生态系统很多其他受人类活动干扰的变化状态并没有考虑进来。这很可能低估了人类活动大小。更重要的是,这种方法基于这样的假设:一个生态系统的人为干扰程度越少,其生态服务价值越高(陈爱莲 等,2010)。由于自然环境的复杂性,这种假设是否正确还值得商榷。

11.3.3　基于土地利用/覆被变化方法的优势

从土地利用/覆被变化角度定量化评价人类活动强度是目前应用较广的方法。该方法具有一系列的优势。

(1)可以代表人类活动。人类对大气圈、水圈、生物圈、岩石圈和土壤圈的影响最终将会作用于土地系统,导致地球表面覆被状况发生变化。事实上,在水文研究领域,研究者已经利用土地利用的变化代替人类活动来研究人类活动对水文要素和水文过程,特别是径流的影响,并分离出单独贡献。

(2)数据收集难度小,容易操作。人类活动涉及人类生产生活的各个方面,过多的数据指标很难搜集到。因为目前很多数据并没有共享,或者说很多国家或者地区数据并不能共享;同时对于很多的人文经济数据,研究者在有限的能力下很难全部获取。此外,尽管某次研究获得了足够的数据,那也只能进行暂时的静态评估。由于数据获取的不全面性和难度,长时间高时间分辨率的动态监测评估很难持续进行。因此,基于压力的方法以及其他需要众多分量指标的方法在实际中很难操作。而土地利用数据收集相对容易,特别是随着遥感(RS)和地理信息系统(GIS)在土地科学中的应用,获取长时间序列高空间分辨率的土地利用及其变化数据已经相对比较容易,且可以长期动态变化监测。

(3)具有很好的可比性与通用性。研究结果的可比性需要考虑数据源和研究方法的一致性。针对区域的方法的确能够很好地量化区域的人类活动,但是因其有着强烈的特殊性,限制了在其他区域的应用。土地利用变化数据可以通过遥感影像来获取。目前全球已经发射了大量的不同空间分辨率的遥感卫星,其拍摄的影像可以说是海量的。更重要的是,很多中分辨率和低分辨率的数据对全球是免费获取的。因此,数据的一致性是可以完全保障的。而利用遥感提取土地利用和进行土地利用变化监测的技术已经相当成熟,已逐渐标准化地运用于实际的管理和全球重大科研计划。例如,国土部门已经专门成立相关科室进行土地利用信息的遥感提取和监测;全球碳估算也是利用标准统一的土地利用数据获得的。

(4)可以进行长时间序列的动态变化监测。遥感技术的优势之一是可重复性。遥感卫星能够进行每年、每月、每天甚至每小时的重复成像拍摄,获得地球上任意位置的遥感影像,进而获得土地利用变化数据并量化人类活动数值。人类活动的量化评估不仅仅是静态的,而是需要长时间序列的动态变化监测。而由于遥感数据的优势,土地利用变化数据可以实现。例如,目前应用十分广泛,时间序列很长的 Landsat 系列卫星遥感数据,从 1972 年到现在形成了 50 年的长时间序列影像数据(Luo et al.,2021)。也正因为如此,长时间序列的现成产品也比较多,比较有代表性的是中国科学院地理科学与资源研究所数据共享中心免费提供自 20 世纪 70 年代以来基本每隔 5 年的土地利用数据集。

(5)具有客观性。政府统计数据由于一系列的利益关系,很可能出现人为的数据失真,例如 GDP 数据。因为这些公开的统计数据需要考虑的问题很多,也涉及政治利益。而遥感相对来说具有客观性,它能够跨国和跨行政区进行客观监测,从而获得的数据更多地规避了人为失真。

(6)能够解决总人类活动量化中多分量合成难题。通过人类活动的多分量进行叠加获得总人类活动定量值的方法面临一个难题,那就是如何将这些分量进行合成。目前已有的方法主要是通过简单的相加。在前面阐述过,尽管考虑的人类活动分量越多看似更加全面,最后获得的人类活动量化值更准确。实则不然,因为各分量之间存在很大程度的重合,分量越多,重复计算的数值越大,而这种重复值又不能单独分离出来,结果导致最终值反而出现更大的偏差。而土地利用变化(类型)是人类活动的质变,是人类活动的集中反映,它已经通过地理环境的规律将人类活动进行了合成。因此,这能够解决目前总人类活动量化计算的难题。

11.4　本章小结

量化总人类活动是厘清总人类活动对水文系统干扰效应的基础。总人类活动的量化有着较长的历史。最早进行人类活动量化研究的是以色列希伯来大学的道夫尼尔。道夫尼尔在 1983 年提出采用城市人口百分比(代表发展度)和文盲人数百分比(代表人对自然演替缺乏知识的感应度)来测量和计算人对地理环境的作用。国内最先进行人类活动量化研究的是中国科学院科技政策与管理科学研究所文英。目前主要是基于压力的方法和基于状态的方法两大类。通过解析各种方法发现它们各有利弊,但是基于状态方法中的基于土地利用变化的方法应用得较为广泛,同时也具有一系列的优势,应为未来的量化方向。基于土地利用变化的方法具有:①土地利用/覆被变化可以代表人类活动;②数据收集难度小,容易操作;③具有很好的可比性与通用性;④可以进行长时间序列的动态变化监测;⑤具有客观性;⑥能够解决总人类活动量化中多分量合成难题等优势。

第 12 章 战争对水文系统的干扰

在人类的历史长河中,战争总是伴随左右,如部落战争、宗教战争、国内战争、争夺君权的战争、民族战争、革命战争、殖民战争、解放战争等(林丙义,1996;Stavrianos et al.,2006)。《辞海》解释,战争是社会生产力和生产关系发展到一定阶段的产物,是人类社会集团之间为了一定的政治经济目的而进行的武装斗争,是用以解决阶级和阶级、民族和民族、国家和国家、政治集团和政治集团之间矛盾的最高形式。战争的武器从古代的石头与棍棒、矛与剑、弓与箭,升级到近代的火枪与大炮,再到 20 世纪以来的原子弹和生化武器。随着武器技术的进步和杀伤力的增强,战争的伤亡增加,对水文过程和水文系统的干扰也不断增强。

目前关于战争和水文关系的研究中,研究者更多地关注水文条件对战争的影响(王涛 等,2017)。例如,洋流对战争的影响,1941 年,日本选择北太平洋航线偷袭珍珠港的原因是该路线顺风顺水(和洋流方向一致),可节省燃料且能够很好地隐蔽;二战期间,德国利用直布罗陀海峡海域的密度流进入英国管辖的地中海(林丙义,1996;程雷星 等,2012)。潮汐对战争也会产生影响,主要表现在战时登录,例如诺曼底登陆(Stavrianos et al.,2006)。事实上,战争在多个时段和层面上影响着水文系统。下面按照战争的不同阶段进行阐述。

12.1 备战阶段

备战阶段对水文系统的干扰可以分为直接干扰和间接干扰。直接干扰突出表现在开通运河,疏通河道,这在古代以水运为主要交通方式的时代表现得尤为突出(林丙义,1996)。河道的修复和运河的开通一方面为了保障后勤物质运达后方基地,另一方面为了保障军事物质和士兵顺利运往前线和各种信息畅通。这种方式直接作用于水文系统,对水文过程的干扰比较深刻和彻底。例如,秦始皇为了统一岭南地区,修建了一条沟通漓江与湘江的人工运河——灵渠,至今发挥着农田灌溉、排涝泄洪的作用(凌虹 等,1999;李晋臣,2014)。同时,备战阶段将会发展军工业,进行武器测试、军事演习等(凌虹 等,1999;李晋臣,2014),这些行为也会对水文系统产生干扰,这种干扰以间接为主,也伴随直接干扰。

12.2 战争中

战争会炸毁水库大坝基础设施和改变河流的走向,这直接影响了河川径流过程以及水循环过程。二战期间,英国空军炸毁德国鲁尔河的大坝(Stavrianos et al.,2006)。中国古代春秋战国时期有智伯决晋河与汾河水淹晋阳城(林丙义,1996)。中国近代抗日战争期间,为了阻止侵华日军的西进南下,国民政府掘开了黄河花园口大堤,汹涌的黄河水分东、西两股向东南方向奔流,留下了长逾 400 km,宽 30~80 km 的黄泛区(林丙义,1996;渠长根,2005;汪志国,2013)。这改变了黄河的水流方向,同时造成淮河流域许多的河流河道被泥沙淤塞、改道和填平,同时影响了正常水循环,导致黄泛区水旱灾害频发。同时,战争中的空袭和大火产生大量的温室气体,排入大气后,笼罩在近地面上空,由于温室气体(二氧化碳)能吸收红外线等长波辐射,使气温转暖,有可能在战争周边地区出现"温室效应"(贺志鹏 等,2011)。这种"温室效应"改变地表热力状况而引起气流和气压状况改变,从而影响降雨和蒸发过程,最终影响局部水循环过程。此外,生化武器对地表覆被状况产生重要影响(聂邦胜 等,2009),从而改变能量收支状况和降雨的再分配,进而影响水文过程。例如,美国在越战期间共使用了 9 万 t 植物杀伤剂破坏森林与植被。植物杀伤剂导致 25000 km² 森林受到污染,越南约有 13000 km² 农作物被破坏,50%的红树林消失,使得植物的蒸散量大大减少,严重干扰了水循环过程和水文系统(李君文 等,1999;贺志鹏 等,2011)。

战争也可以通过改变水文环境间接影响水文系统。首先,战争会直接导致人员伤亡,特别是军人,而军人绝大部分是男性。例如在一战中凡尔登战役,参战的法德双方共伤亡 98.4 万人,被称为"绞肉机"(Stavrianos et al. ,2006)。而中国春秋战国时期的"长平之战"中,秦军坑杀赵军近 30 万(林丙义,1996)。这种人员的大量伤亡导致劳动力严重缺乏,引起田地大面积荒芜;而土地利用方式和下垫面的变化将会影响地表能量传输平衡以及降水的二次分配,进而影响水循环过程和水文系统。其次,战争会反作用于经济,战争的胜负从根本上讲取决于综合国力,特别是经济实力(海伍德,2011)。为了取得战争的胜利,各国将会集中大部分的财政收入用于装备军队,机会成本大大提高,而用于水利相关设施的费用就相当少,战争期间往往水利失修,水利管理混乱。这使得水循环过程发生重要变化,例如,水渠失修导致下渗增加,用于作物有效蒸发的水量减少。再次,战争是社会关系不可调和的产物,也会反作用于社会关系(Stavrianos et al. ,2006;海伍德,2011)。战争时期,社会制度和政策基本以服务战事为中心,相关的社会政策往往不利于水文系统的健康发展和水循环的良性运行。

12.3　战后恢复阶段

战后恢复阶段,政府一般采取恢复生产和经济的"休养生息"政策,注重农业、工业和商业发展,以期进入正常发展的轨道(林丙义,1996;Stavrianos et al. ,2006)。而水文相关方面也将附带获得一系列的恢复重建和发展。具体表现在进行水文相关的立法;完善水利管理体制、管理机构和管理制度;增设水利相关的职位,培养水利管理人才,提高水利管理人才的素质;为恢复农业生产和扩大农业耕作面积而兴修农业水利工程,这在中国"重农抑商"的封建社会表现得尤为突出。这一阶段是战争和和平建设阶段的过渡时期,战争对水文系统的干扰具有一些重要的特征。其一,人类活动强度的干扰类型多样化,将会采取各种干扰措施去实现重建。其二,干扰面积广,可能覆盖全国、大洲乃至全球。其三,各国希望尽快恢复,一般不会很长;因此,干扰的预期高,周期相对比较短,持久度不长,具体的周期和恢复重建时间受国情、战争的破坏程度、国民素质等各种因素影响。其四,此阶段往往行政干预多,政府的宏观调控手段强,有时候能够取得"立竿见影"的效果,因此,人类活动的干预强度大,干扰震荡大。

12.4　战争对水文的干扰效应展望

国内外关于战争的水文效应以及水文系统对战争反馈的相关研究极少,只是在历史学和军事学相关研究中有所提及,目前为止并没有专门论述战争干扰对水文过程和水文系统的成果出版,总体而言这方面的研究处于萌芽阶段。战争对水文的干扰效应属于干扰水文学的研究内容之一,在未来的发展中,以下几个问题需要重点关注和解决。

(1)如何获取表征战争干扰各维度(干扰方向、干扰面积、干扰强度、干扰周期、干扰心理、干扰预期和干扰震荡)全面且可靠的数据?

(2)如何从干扰的不同表征维度量化战争干扰并和水循环要素的变化进行定量分析?

(3)如何定量分离战争干扰对水文系统的单独震荡大小或贡献?

(4)战争干扰对水文系统以及各水文要素到底会产生何种干扰震荡?

(5)战争干扰对水文系统的干扰震荡应该是有正有负,那么,第一次世界大战和第二次世界大战对水文系统引起的干扰震荡总体上是正向的还是负向的?

12.5　本章小结

战争一直伴随着人类的发展进程和水文系统的循环过程,事实表明,战争在不同阶段并从多层次上对水文系统和水循环过程产生了重要的干扰。然而目前这方面的研究仅仅在历史学和军事学相关研究中有所提及,并没有专门的成果报道,研究处于萌芽阶段。战争对水文的干扰效应属于干扰水文学的研究内容之一。为了理解和深入研究战争对水文系统的干扰过程和机理,在未来的发展中需要重点关注和解决一些问题。

第13章　中国过去300年人类活动强度的演化

人类活动包含人类一切可能形式的活动或行为(叶笃正 等,2001),从对自然影响的视角,人类活动可被定义为人类为满足自身的生存和发展而对自然环境所采取的各种开发、利用和保护等行为的总称(刘世梁 等,2018)。近年来,随着人口的快速增长和经济、科技的飞速发展,人类活动对地球的影响不断加剧。研究表明在过去的3个世纪,人口增长了10倍,20世纪以来城市化提高了10倍(魏建兵 等,2006)。人类活动极大地改变了地表状况(Foley et al.,2005;Grimm et al.,2008),破坏了地球的能量平衡(Foley et al.,2005;Lu et al.,2015),对生态环境产生了巨大干扰(Newbold et al.,2016)。因此,量化人类活动强度并阐明其时空演化规律对实现人类活动的有效调控与科学管理,厘定人类活动的生态环境效应以及探究人与自然的和谐发展具有重要意义。

一些学者已经对人类活动的量化方法进行了探究并提出了一些方法。目前来看主要有海洋生态系统多尺度空间模型(Halpern et al.,2008),喀斯特干扰指数(Beynen et al.,2005),人海关系空间量化模型(李延峰 等,2015)。然而由于生态系统的复杂性和人类活动的多样性,这些方法只适用于某种生态系统或者某个研究区,区域间的可比性差(刘世梁 等,2018),且所需数据过多,很难全部收集获得。虽然有些学者,例如Sanderson等(2002),采用土地利用、人口密度、道路和夜间灯光指数等因子刻画人类活动强度。但人口密度、道路和夜间灯光指数均和土地利用高度相关,其信息能够通过土地利用较好地表征(李士成 等,2018)。相对而言,基于土地利用的方法数据输入少、数据获取容易(通过遥感方法),区域可比性高,因此,目前应用得比较广泛。

近年来,很多学者关注人类活动的量化并取得了一些研究进展。例如徐勇等(2015)量化了中国1984—2018年的人类活动强度(单位面积上所承载的人类活动量)并阐述了变化特征。赵亮等(2019)量化了1975—2015年黄土高原的人类活动强度并阐明时空演变特征,发现黄土高原人类活动强度变化大致以2000年为界,前期较为稳定,后期整体迅速降低。黄敏婷等(2019)量化了1995—2015年环鄱阳湖城市群地区的人类活动强度并阐述其空间变化规律。李士成等(2018)量化了长江经济带20世纪70年代末至2015年的人类活动强度。刘采等(2020)量化了1980—2018年海南省人类活动强度并解析了时空变化特征,发现1980年海南岛人类活动强度为10.54,2018年达到12.86,增长了22.01%。2000年以前基本保持不变,2010年以后增长迅速。这些研究对于在某一空间尺度上准确定量认识人类活动强度提供了重要的参考。但是,目前的研究在时间维度上主要量化近50年来的人类活动强度,对于历史时期的量化研究少有报道。同时,研究尺度相对比较单一,缺乏宏观多空间尺度的量化及演化规律刻画研究。过去300年中国人类活动强度是多少,呈现出何种空间格局和演化规律,是否持续增强,不同流域和省份的人类活动强度变化有何独特性,这些问题尚不清楚。

基于此,本书基于1700年、1800年、1900年、2000年历史时期的土地利用数据,采用人类活动强度量化指数量化了中国过去 300 年的人类活动强度,从国家、流域和省域三个空间尺度上阐明了人类活动强度的时空演化格局,从而增加对中国历史时期人类活动强度方面的认识,更好地把握人类活动的演化规律,为人类活动的有效调控和科学管理提供参考。

13.1　数据与方法

13.1.1　数据源与处理

本书采用徐勇等(2015)的方法,即基于土地利用数据量化人类活动强度。本书中使用的 1700 年、1800 年、1900 年和 2000 年的土地利用数据来自马里兰大学(http://ecotope.org/anthromes/v2/data/)。该数据集的空间分辨率为 58 km,覆盖全球范围,其土地利用代码、类型名称和人类活动层次如表 13.1 所示。中国行政边界、流域片区边界和省域矢量边界数据从中国科学院资源环境数据中心(http://www.resdc.cn/)下载获得(本研究中的中国边界是指 1949 年成立的中华人民共和国边界,并非实际历史边界。而省际边界为现行的行政边界(2015 年),研究中不考虑省界的历史变迁)。在 ArcGIS 10.2 软件平台中,基于 Clip 工具从全球范围中提取出中国区域四个时期的土地利用数据。为了减少面积误差,所有空间数据统一投影到 ALBERS 等积圆锥投影(Krasovsky_1940_Albers)。之后,对照"不同土地利用/覆被类型的建设用地当量折算系数表"(徐勇 等,2015),根据土地利用类型的人类活动层次,确定四期历史土地利用数据各类型的建设用地当量折算系数(CI),结果如表 13.1 所示。

表 13.1　历史土地利用信息以及建设用地当量折算系数

代码	土地利用类别(英文原文)	土地利用类别(中文)	人类活动层次	建设用地当量折算系数(CI)
11	Urban	城市	密集居住区	1
12	Mixed settlements	混合居民区	密集居住区	1
21	Rice villages	水稻区村庄	村庄	1
22	Irrigated villages	灌溉区村庄	村庄	1
23	Rainfed villages	雨养区村庄	村庄	1
24	Pastoral villages	田园村庄	村庄	1
31	Residential irrigated croplands	灌溉农田	农田	0.2
32	Residential rainfed croplands	雨养农田	农田	0.2
33	Populated croplands	密集农田	农田	0.2
34	Remote croplands	偏远农田	农田	0.2
41	Residential rangelands	居住区牧场	牧场	0.133
42	Populated rangelands	密集型牧场	牧场	0.133
43	Remote rangelands	偏远牧场	牧场	0.067
51	Residential woodlands	居住区林地	半自然	0.133
52	Populated woodlands	密集型林地	半自然	0.133
53	Remote woodlands	偏远林地	半自然	0.133
54	Inhabited treeless and barren lands	无树贫瘠的居住区	半自然	1
61	Wild woodlands	天然林地	天然	0
62	Wild treeless and barren lands	未利用土地	天然	0

13.1.2　人类活动强度量化方法

土地利用活动是人类对生态系统扰动最直接的表现,是生物多样性受到威胁的首要驱动因素(罗开盛 等,2018a;赵亮 等,2019)。同时,人类活动是景观变化的主要驱动力(胡志斌 等,2007;赵亮 等,2019),重塑土地利用是人类改变景观格局的主要方式(赵亮 等,2019)。因此,土地利用印刻了人类活动对景观的改造活动,其时空变化反映了人类活动的时空格局、强度和类型,是人类活动的集中反映(蔡运龙,2001;李小云 等,2016;赵亮 等,2019)。徐勇 等(2015)基于土地利用提出了陆地表层人类活动强度指数(human activity intensity of land surface, HAILS),客观反映人类活动强度的指标,不仅简单可操作性强,而且通用可比性强,目前获得较为广泛应用(罗开盛 等,2018a;赵亮 等,2019;刘采 等,2020)。因此,本书采用徐勇 等(2015)提出的人类活动强度指数(HAILS)量化人类活动。它的计算公式参看 11.2.2.4 节。

13.2　国家尺度人类活动强度及其变化

中国 1700 年、1800 年、1900 年和 2000 年的人类活动强度分别为 36.76、35.20、30.40 和 40.08。中国 1700—1800 年和 1800—1900 年人类活动强度分别减少了 1.56(4.24%)和 4.8(13.64%),而 1900—2000 年增加了 9.68(31.84%)。但是过去 300 年间,人类活动强度增加了 4.04(10.99%)。由此可以看出,过去 300 年间,人类活动强度总体上是增加,但并不是持续增加,中间有增有减,总体上增加主要归因于 1900—2000 年的迅速增加。

如图 13.1a 所示,除了东北北部以及西北环境恶劣(沙漠、高原等)地区人类活动强度为零外,1700 年人类活动强度整体上具有明显的规律,那就是以"胡焕庸线"为界,此线的西北半壁大,东南半壁小。同时,1700 年各等级人类活动强度的分布整体具有均质性和整体性,并不破碎。而 1800 年人类活动最强的区域在空间分布上相对 1700 年破碎得多(图 13.1b)。1700—1800 年,人类活动最强的范围向东移动,中原地区、四川盆地以及湖南、湖北地区转化为最高人类活动等级(图 13.2)。从图 13.2 也可以看到,1700—1800 年,在 1700 年几乎不受人类活动干扰的区域不断减少。但是,"胡焕庸线"西北方向附近区域的人类活动强度表现为下降趋势。

1800—1900 年,人类活动强度的变化相对 1700—1800 年小得多,变化区域零散分布在全国,人类活动强度有增有减(图 13.3a)。最终,1900 年中国的人类活动强度基本维持 1800 年的空间格局(图 13.1c)。但是 1900—2000 年,中国人类活动强度的变化更加剧烈,人类活动强度最高等级区域继续向东扩张到东南沿海和东北很多地区(图 13.3b),最终导致人类活动强度的空间格局发生了彻底变化,呈现出与 1700 年完全相反的空间格局,即以"胡焕庸线"为界,东南半壁人类活动强度大,西北半壁人类活动强度小,人类活动最高等级区域整体上移动到了"胡焕庸线"的东南半壁。

13.3　流域人类活动强度及其变化

1700 年,黄河流域片区的人类活动强度最大(图 13.4a),达到 62.14。其次是西南诸河片区、海河流域片区、长江流域片区、淮河流域片区和内陆河片区(图 13.4a),人类活动强度分别为 50.5、38.76、37.23、35.75 和 33.84。松辽流域片区和东南诸河片区的人类活动强度相对较小,分别为 28.19 和 21.13;珠江流域片区的人类活动强度最小(20.43)。1800 年,淮河流域片区人类活动强度最大(图 13.4a),为 77.16,其他流域片区从大到小依次是海河流域(57.9)、

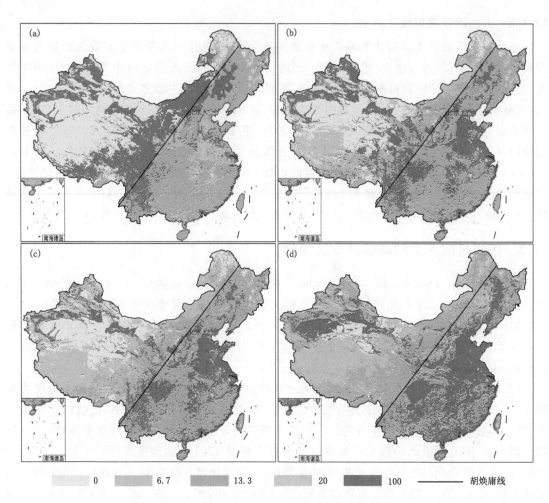

图 13.1　中国历史时期人类活动强度空间分布
(a. 1700 年；b. 1800 年 c. 1900 年；d. 2000 年)

长江流域(47.46)、黄河流域(43.39)、东南诸河(31.95)、珠江流域(30.75)、西南诸河(29.19)、内陆河(26.63)、松辽流域(23.18)。1900 年和 2000 年,人类活动强度最大的流域片区都是淮河流域(图 13.4a),人类活动强度分别为 82.9 和 95.81;1900 年和 2000 年,最小的流域片区都是西南诸河,人类活动强度分别为 18.16 和 18.25。1900 年,其他流域片区人类活动强度从大到小依次为海河流域(58.13)、长江流域(43.89)、黄河流域(35.65)、东南诸河(35.11)、珠江流域(32.48)、松辽流域(21.26)、内陆河(19.96)。2000 年,其他流域片区人类活动强度从大到小依次为海河流域(69.01)、珠江流域(63.61)、东南诸河(55.04)、长江流域(54.76)、黄河流域(38.26)、松辽流域(34.54)、内陆河(26.97)。

1700—1800 年,各大流域片区的人类活动强度有增有减(图 13.4b)。其中,淮河流域片区、长江流域片区、海河流域片区、东南诸河片区、珠江流域片区的人类活动强度增加,增加率分别为 115.83%(41.41)、27.48%(10.23)、49.38%(19.14)、51.21%(10.82)、50.59%(10.33);而西南诸河片区、黄河流域片区、内陆河片区和松辽流域片区的人类活动强度减小,减小率分别为 −42.2%(−21.31)、−30.17%(−18.75)、−21.31%(−7.21)和 −17.77%

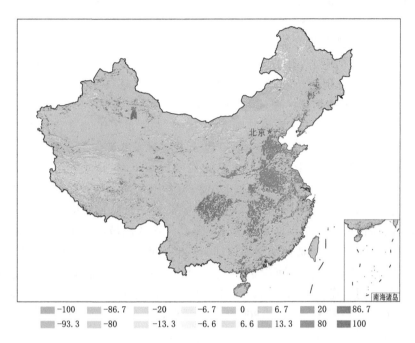

图 13.2 1700—1800 年中国人类活动强度值变化空间分布

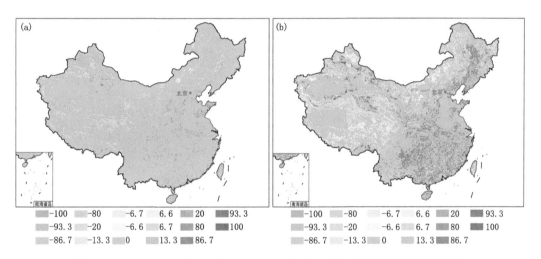

图 13.3 1800—1900 年(a)和 1900—2000 年(b)人类活动强度值变化空间分布

(−5.01)。1800—1900 年,各流域片区的变化都比 1700—1800 年的小(图 13.4b)。人类活动强度增加最多的流域片区是东南流域,其次是淮河流域、珠江流域和海河流域,增加率分别为 9.89%(3.16)、7.44%(5.74)、5.63%(1.73)和 0.4%(0.23)。1900—2000 年中国九大流域片区都表现为增加趋势,其中增加幅度最大的是珠江流域片区(95.84%),其他流域片区人类活动强度增加率从大到小依次是松辽流域片区(62.46%)、东南诸河片区(56.76%)、内陆河片区(35.12%)、长江流域片区(24.77%)、海河流域片区(18.72%)、淮河流域片区(15.57%)、黄河流域片区(7.32%)、西南诸河片区(0.5%)。

过去 300 年,珠江流域片区、淮河流域片区、东南诸河片区、海河流域片区、长江流域片区和松辽流域片区的人类活动强度增加,增加值分别为 43.19、60.06、33.91、30.25、17.53、6.35,对应的变化率分别为 211.5%、168%、160.5%、78.05%、47.09%、22.53%。西南诸河片区、黄河流域片区和内流河片区的人类活动强度减小,减小的绝对数量分别为 32.25、23.88和 6.87,对应的变化率分别为 -63.9%、-38.43%和 -20.3%。珠江流域片区、淮河流域片区、海河流域片区和东南诸河片区在过去 300 年持续增加,最终导致该流域片区过去 300 年人类活动强度的大幅度增加。其中,珠江流域片区在过去 300 年间变化率最大(211.5%),1700—1800 年、1800—1900 年和 1900—2000 年人类活动强度增加率分别为 50.59%、5.63%和 95.84%。黄河流域 1700—1900 年人类活动强度持续下降,1700—1800 年和 1800—1900年分别下降了 30.18%和 17.84%,尽管 1900—2000 年有很小增加趋势(7.32%),但最终无法扭转黄河流域过去 300 年人类活动强度下降的趋势。松辽流域片区由于 1900—2000 增加率为 62.46%,从而导致过去 300 年增加率为 22.53%。长江流域的增加趋势主要由于 1700—1800 年和 1900—2000 年人类活动的增加(1700—1800 年和 1900—2000 年人类活动强度增加率分别为 27.48%和 24.77%)。西南诸河片区过去 300 年人类活动强度的变化主要由于1700—1800 年的急剧下降(下降率 -42.2%)。内陆河片区过去 300 年人类活动强度的减小主要是由于 1700—1800 年和 1800—1900 年人类活动强度的持续下降所导致。

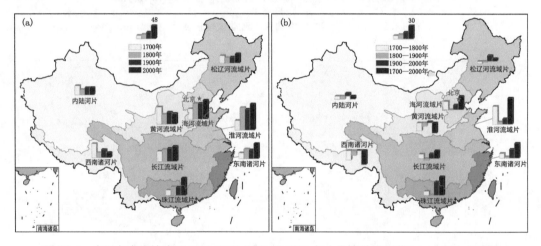

图 13.4　中国九大流域片区 1700、1800、1900 和 2000 年人类活动强度值(a);中国九大流域片区 1700—1800 年、1800—1900 年、1900—2000 年以及 1700—2000 年人类活动强度变化值(b)

13.4　省域人类活动强度及其变化

如表 13.2 所示,1700 年人类活动最大的前五个省份是宁夏、上海、四川、甘肃和江苏,对应的人类活动强度值分别为 88.09、75.04、68.74、61.67 和 52.29。1800 年人类活动强度最大的省份是江苏(92.67),其次是上海(86.78)、山东(74.91)、河南(67.98)和四川(65.32)。1900年,人类活动强度排名前四的省份仍然是江苏(88.19)、上海(85.98)、山东(82.53)、河南(72.32),但香港(69.44)代替四川成为人类活动强度排名第五的省级行政单元。

1700—1800 年,除内蒙古、四川、西藏、宁夏、甘肃 5 个省份人类活动强度减小外,其他所有省份的人类活动强度都增加(表 13.2)。其中,安徽的人类活动强度增加率最大,达到

199.41%。其他人类活动增加超过 1 倍的有湖南、重庆、海南、河南和湖北,增加率分别为 157.15%、152.42%、143.90%、138.19% 和 129.87%(表 13.2)。1800—1900 年各省份中,有 38% 的省份(13 个)的人类活动强度减少,62% 的省份(21 个)的人类活动强度增加。其中,人类活动强度增加率最大的是香港(148.09%),减少率最大的是青海(−63.27%)。1900—2000 年除上海、四川、陕西、云南、宁夏、香港的人类活动强度减少外,其他所有省份的人类活动强度都增加。其中,贵州的人类活动强度增加率最大(220.84%),而四川减小最多(−26.03%)。

　　过去 300 年,27 个省份(89%)的人类活动强度增加,其中增加率超过 2 倍的省份有 12 个,超过 1 倍的省份有 19 个,这些省份主要集中在东部和中部,也都在"胡焕庸线"的东南半壁。1700—2000 年人类活动增加最大的是贵州(404.92%),其次是湖南(341.31%)和江西(322.39%);而减小最多的是西藏(−65.78%)、青海(−59.44%)和宁夏(−58.59%)。仅仅 7 个省份(11%)的人类活动强度降低,包括内蒙古、四川、云南、西藏、甘肃、青海和宁夏。这 7 个省份都位于西部地区(西北或者西南),也都位于"胡焕庸线"的西北半壁区域。同时可以从表 13.2 中看出,有 19 个省份的人类活动强度在 1700—1800 年、1800—1900 年和 1900—2000 年三个时期是持续增加的,而这些省份主要集中在"胡焕庸线"的东南半壁。

表 13.2　中国 1700—2000 年各省份人类活动强度及其变化

省份	1700 年	1800 年	1900 年	2000 年	1700—1800 年变化率	1800—1900 年变化率	1900—2000 年变化率	1700—2000 年变化率
北京	21.79	31.87	32.18	62.67	46.26%	0.97%	94.75%	187.61%
天津	24.36	48.19	47.83	93.32	97.82%	−0.75%	95.11%	283.09%
河北	39.64	60.09	60.44	67.25	51.59%	0.58%	11.27%	69.65%
山西	35.07	43.50	43.68	55.23	24.04%	0.41%	26.44%	57.49%
内蒙古	18.96	17.41	13.61	16.47	−8.18%	−21.83%	21.01%	−13.13%
辽宁	24.60	34.55	35.18	64.77	40.45%	1.82%	84.11%	163.29%
吉林	25.46	33.55	32.16	48.98	31.78%	−4.14%	52.3%	92.38%
黑龙江	16.30	17.46	17.77	34.40	7.12%	1.78%	93.58%	111.04%
上海	75.04	86.78	85.98	79.44	15.64%	−0.92%	−7.61%	5.86%
江苏	52.29	92.67	88.19	92.07	77.22%	−4.83%	4.4%	76.08%
浙江	27.17	45.94	47.11	67.85	69.08%	2.55%	44.02%	149.72%
安徽	20.49	61.35	66.24	83.81	199.41%	7.97%	26.52%	309.03%
福建	17.56	25.92	27.40	52.74	47.61%	5.71%	92.48%	200.34%
江西	15.54	28.68	32.98	65.64	84.56%	14.99%	99.03%	322.39%
山东	42.55	74.91	82.53	95.12	76.05%	10.17%	15.26%	123.55%
河南	28.54	67.98	72.32	89.58	138.19%	6.38%	23.87%	213.88%
湖北	19.15	44.02	46.84	72.27	129.87%	6.41%	54.29%	277.39%
湖南	16.29	41.89	44.98	71.89	157.15%	7.38%	59.83%	341.31%
广东	23.91	40.48	41.52	70.54	69.3%	2.57%	69.89%	195.02%
广西	15.17	22.63	25.40	60.16	49.18%	12.24%	136.85%	296.57%

续表

省份	1700 年	1800 年	1900 年	2000 年	1700—1800 年变化率	1800—1900 年变化率	1900—2000 年变化率	1700—2000 年变化率
海南	14.67	35.78	38.54	54.02	143.9%	7.71%	40.17%	268.23%
重庆	22.49	56.77	58.37	73.29	152.42%	2.82%	25.56%	225.88%
四川	68.74	65.32	56.09	41.49	−4.98%	−14.13%	−26.03%	−39.64%
贵州	14.24	19.62	22.41	71.90	37.78%	14.22%	220.84%	404.92%
云南	46.70	47.62	41.77	37.28	1.97%	−12.28%	−10.75%	−20.17%
西藏	32.26	17.00	10.00	11.04	−47.3%	−41.18%	10.4%	−65.78%
陕西	32.08	40.45	45.77	45.43	26.09%	13.15%	−0.74%	41.61%
甘肃	61.67	43.97	38.12	43.06	−28.7%	−13.3%	12.96%	−30.18%
青海	33.51	34.41	12.64	13.59	2.69%	−63.27%	7.52%	−59.44%
宁夏	88.09	51.52	42.67	36.48	−41.51%	−17.18%	−14.51%	−58.59%
新疆	34.70	35.07	25.43	38.41	1.07%	−27.49%	51.04%	10.69%
台湾	15.60	20.63	34.62	48.11	32.24%	67.81%	38.97%	208.4%
香港	24.78	27.99	69.44	66.83	12.95%	148.09%	−3.76%	169.69%
澳门	37.51	37.52	37.51	41.50	0.03%	−0.03%	10.64%	10.64%

13.5　人类活动强度演化驱动因素

人是人类活动的主体和实施者,因此人类活动强度与区域的人口状况有着密切的联系(徐勇 等,2015)。清朝统治者为了巩固统治,1712 年,固定以康熙五十年(1711)年的人丁数作为征收丁税的固定人数,以后"滋生人丁,永不加赋";同时实行"摊丁入亩"和"一条鞭法"(林丙义,1996)。这些政策使得当时很多地区的人口数量快速增加(林丙义,1996),从而导致人类活动强度的增加。研究表明,1700—1800 年淮河流域片区、长江流域片区、海河流域片区、东南诸河片区、珠江流域片区的人类活动强度增加值分别为 41.41、10.23、19.14、10.82、10.33;1800—1900 年淮河流域、东南诸河、珠江流域、海河流域增加值分别为 5.74、3.16、1.73、0.23。

清朝人口迁移的规模远胜于之前的任何朝代,迁移的总趋势是从中原、江南等人口稠密区向人口稀疏的边疆、山区、海岛迁移,主要是迁移到东北、新疆、甘肃、青海、四川、云南、贵州、台湾等地区(袁城 等,2009),从而导致这些偏远地区的人类活动强度也较大且呈增加趋势,例如贵州。其中,主要迁移方向也包括向东北迁移和向内地山区迁移(袁城 等,2009)。清军入关前有近百万人,入关以后几乎全部迁入关内,导致东北地区人口稀少的状况更加严重(李雨潼 等,2004)。为了补充人口,清政府颁发诏书鼓励关内汉人向东北移民垦荒(李雨潼 等,2004)。尽管乾隆年间以"龙兴之地"为由限制了移民东北,但是为了生存,仍然有很多的人冒险"闯关东"(无名,1985;袁城 等,2009)。研究表明,1700—1800 年辽宁和黑龙江人类活动强度增加率分别为 40.45% 和 7.12%(表 13.2);1800—1900 年人类活动强度增加率分别为 1.82% 和 1.78%。吉林 1700—1800 年人类活动强度增加率为 31.78%;可能由于移民限制政策的影响,该省 1800—1900 年人类活动强度下降了 4.14%。但是总体上来说,整个东北地区(松辽流域片)的人类活动强度在 1700—1800 年和 1800—1900 年分别下降了 17.77%(5.01)和 8.28%(1.92)。主要迁移方向之一的向内地迁移是各地区,特别是中原地区(河南、河北、山东一带)贫苦人民向福建、浙江、安徽、江西、湖南等省的山区迁入,迁移进入山区的贫苦人民被称为"棚民"(袁城 等,2009)。清朝棚民的数量和分布范围都超过前朝,以至于很多省份的山区出现"流民日聚,棚厂满山相望"的景象(张鉴,1861;张天如,1763)。这可能是 1700—1800 年和 1800—1900 年中部和东部地区人类活动强度增加的一个重要原因,为安徽、湖南和江西成为过去 300 年人类活动强度增加率最大的省份做出了重要贡献。研究表明,黄河流域的人类活动强度 1700—1800 年和 1800—1900 年分别下降了 30.17%(18.75)和 17.84%(7.74),而清朝的人口迁移可能是一个重要原因。

中国的人口格局对人类活动强度的格局也具有重要影响。1935 年,胡焕庸先生基于当时的人口数据提出的"黑河-腾冲线"(也叫"胡焕庸线")是一条中国人口密度分布格局的分界线。它从黑龙江省的黑河到云南的腾冲市将中国分成半壁两部分,东南半壁以"36%"的国土面积占据 96% 的人口,而西北半壁以 64% 的国土面积仅占据 4% 的人口(胡焕庸,1935)。尽管后来中国改革开放,经济不断发展,总体格局并没有变化(戚伟 等,2015)。研究表明,1700 年人类活动强度的总体格局和 1935 年及其以后的人口密度分布格局正好相反,即以"胡焕庸线"为界,东南半壁小,西北半壁大。经过 100 年后到 1800 年,人类活动强度的格局才开始反转,形成和 1935 年及其以后的人口密度分布相同的格局,1800—2000 年这种格局不断得到加强。这可能主要是两方面的原因:一方面,宋朝开始中国的经济中心已经南移(商宇楠,2013),经济的发展吸引大量的人口到南方;另一方面,清以前几次大规模的人口迁移也是从相对落后的北方迁往富裕的江南地区(袁城 等,2009)。中国目前的人口格局的形成可能要早于 1935 年,很可能在 1800 年就已经初步形成,从而导致了相同格局的人类活动强度分布。

除了人口,经济和战争对人类活动强度也具有重要影响。在封建社会,一直推行"重农抑商"政策,农业是主要的经济活动,而 1900 年以后,农业以外的工业、商业等也不断发展,人类活动显得更加多元化(林丙义,1996)。而战争会直接导致人口因伤亡以及军队在边境的长期驻守,从而导致总的人类活动减少或者增加;同时也可以通过影响经济发展间接影响人类活动强度(林丙义,1996)。中国目前的疆域主要是在清朝形成的,清朝平定"三藩之乱"、郑成功收复台湾、雅克萨之战、平定准噶尔丹以及巩固西北西藏和云贵的一系列战争对边境地区人类活动强度产生了重要影响(林丙义,1996)。而 1900—2000 年,中国相继经历鸦片战争、国内十年内战、抗日战争、解放战争等一系列战争,对中国很多区域的人类活动产生了重要影响(林丙义,1996)。同时我国是世界上陆地边境线最长、邻国最多的国家,为了维持边境安定,往往需要大量军队长期戍边,例如"屯田制"以及新中国成立后的新疆建设兵团,这将增加边境地区人类活动强度(林丙义,1996)。但是研究表明 1900—2000 年,战争可能不是人类活动强度变化的主要原因。因为 27 个省份(89%)的人类活动强度增加,其中增加率超过 2 倍的省份有 12 个,超过 1 倍的省份有 19 个,这些省份主要集中在东部和中部(表 13.2 和图 13.3b)。1900—2000 年人类活动强度的变化可能主要是经济的发展,一方面是民族资本主义的发展(林丙义,1996),另一方面是中国自改革开放以来经济的迅速发展(蔡昉 等,2018)。东南沿海地区人类活动的增强主要应该归因于 1978 年中国改革开放后,分批次设立沿海城市为经济特区,导致经济的腾飞。

13.6　本章小结

本书基于历史时期的土地利用数据量化了过去 300 年的人类活动强度及其变化,并阐明了它们的空间分布格局,获得如下结论。

(1)国家尺度上,中国 1700 年、1800 年、1900 年和 2000 年的人类活动强度分别为 36.76、35.20、30.40 和 40.08。人类活动强度过去 300 年总体上是增加的,但并不是持续增加。过去 300 年间,人类活动强度总体增加了 4.04(对应变化率 10.99%),这主要是因 1900—2000 年人类活动强度增加了 9.68(31.84%)所引起。但是 1700—1800 年和 1800—1900 年人类活动强度分别减少了 1.56(4.24%)和 4.8(13.64%)。空间上,人类活动强度从 1700 年的以"胡焕庸线"为界,东南半壁小而西北半壁大的格局最终转化为 1900 年的以"胡焕庸线"为界,东南半壁大而西北半壁小的相反格局;而且这种转化格局在 1800 年已经初步形成。这与中国人口的空间分布格局的演化具有密切联系。

(2)流域尺度上,各时段人类活动强度变化有增有减。1700—1800 年,淮河流域片区人类活动强度增加率最大(115.83%),其次是东南诸河片区(51.21%)和珠江流域片区(50.59%);而西南诸河片区人类活动强度减少率最大(-37.79%)。1800—1900 人类活动强度增加率最大的流域片区是东南流域(9.89%),其次是淮河流域(7.44%)、珠江流域(5.63%)和海河流域(0.4%)。1900—2000 年中国九大流域片区都表现为增加趋势,其中增加率最大的是珠江流域片区(95.84%)。过去 300 年,珠江流域片区、淮河流域片区、东南诸河片区、海河流域片区、长江流域片区和松辽流域片区的人类活动强度增加率分别为 211.5%(对应数值为 43.19)、168%(60.06)、160.5%(33.91)、78.05%(30.25)、47.09%(17.53)、22.53%(6.35);西南诸河片区、黄河流域片区和内流河片区的人类活动强度减小,减小率分别为 -63.9%(32.25)、-38.4%(-23.88)和 -20.3%(6.87)。

(3)省域尺度上,1700—1800 年、1800—1900 年和 1900—2000 年人类活动强度有增有减。1700—1800 年安徽的人类活动强度增加比率最大(199.41%);1800—1900 年人类活动强度增加率最大的是香港(148.09%);1900—2000 年贵州的人类活动强度增加率最大(220.84%)。过去 300 年,27 个省份的人类活动强度增加,其中增加率超过 2 倍的省份有 12 个,超过 1 倍的省份有 19 个,人类活动强度持续增加的省份有 19 个(主要集中在"胡焕庸线"的东南半壁)。人类活动增加最大的是贵州,其次是湖南和江西,增加的比率分别为 404.92%、341.31% 和 322.39%。

第 14 章　基于遥感手段的人类活动强度监测

人是人地关系作用中的主导因子,人类活动是生态环境演变的重要驱动力之一(Roth et al. ,2016;Costanza et al. ,2017)。进入 21 世纪以来,人类改造自然界的强度不断增大,对生态环境的扰动和压力也不断增加。Ellis 等(2008)发现荒地面积占全球无冰区域面积不到 1/4;Halpern 等(2015)研究认为,人为压力严重影响了全球 1/5 的海洋,而且这种压力正在不断加大;Krausmann 等(2013)研究发现,1910 年到 2005 年人类占用的净初级生产力翻了一倍。越来越多的证据表明人类对自然系统的需求正在加速,并可能破坏这些系统的稳定性(Steffen et al. ,2015)。因此,对人类活动强度进行评估,从而正确认识人类活动强度及时空变化规律,对于预防可能产生的生态威胁,调控人类活动作用方向和速率以及维护区域经济与生态环境的可持续发展显得十分必要,已经成为资源环境领域关注的热点和焦点。

我们可以通过一定的外在表现去判断某一区域人类活动强度的大小及变化,但是显得很主观,因为我们并不知道人类活动强度的具体数值到底是多少(Su et al. ,2012;Magalhães et al. ,2015)。也正因为如此,不同地区间的人类活动强度并不能进行准确的对比,也很难掌握人类活动强度的时空变化。限制了对人类活动强度的及时监测,使得人类活动的调控缺乏科学的依据,显得非常盲目(Han et al. ,2016;Flandroy et al. ,2018)。同时,人类活动生态环境效应的研究,特别是过程和机理的模型模拟,都需要量化的人类活动强度作为输入数据(Mahmoud et al. ,2018)。因此,迫切需要对人类活动强度进行量化评估,刻画其时空变化并制图,从而为人类活动的调控提供科学依据,为人类活动强度对生态环境影响的定量研究和机理的揭示奠定基础。而如何将人类活动强度空间化和定量化,也成为目前资源环境研究领域急需解决的难题(Shi et al. ,2018)。

一些学者对人类活动强度的量化和空间化进行了一些相关的探索,提出了一些量化方法,但是绝大多数方法仍处在起步发展阶段,具有不少的缺陷(刘世梁 等,2018)。总体来看,目前关于人类活动强度定量化评价的研究主要从压力变化和状态变化两个角度进行(刘世梁 等,2018)。从压力变化角度的方法主要包括基于权重的多指标叠加分析方法和人类足迹指数方法(Gillian et al. ,2008;Su et al. ,2012;Magalhães et al. ,2015),但是基于权重的多指标叠加分析方法选择的指标往往带有区域特色,只能适用于某个研究区,很难进行方法的推广;研究结果也无法进行区域间的对比(Dodds et al. ,2013)。Sanderson 等(2002)首先提出人类足迹指数,并第一次在全球尺度上建立人类足迹指数评价人类活动对自然的影响程度,而 Venter 等(2016)更新了 1993 年到 2009 年全球尺度上的人类足迹指数。但是人类足迹指数评价过程复杂,指标层次多,需要输入的基础数据多,这给实际的操作以及更小尺度的推广增加了困难,同时也不能实时快速地实现人类活动强度的快速监测。

土地利用/覆被变化(land use/cover change,LUCC)是人类活动作用于陆地表层环境的一种重要方式和响应,是人类活动的集中反映(Liu et al. ,2016)。基于 LUCC 量化人类活动强度能够很好地反映人类对自然的影响,因此从状态变化角度的量化方法主要是基于 LUCC 变化所构建的方法。一些研究者基于 LUCC 和人类活动的关系视角尝试量化了人类活动强度(Reiss et al. ,2010;孙永光 等,2014;徐勇 等,2015)。其中,徐勇等(2015)提出的陆地表层人类活动强度(human activity intensity of land surface,HAILS)简单方便且有利于不同区域的对比,从而得到相对广泛的应用。该方法自提出后在国家和区域尺度都得到了实践和应用(徐勇 等,2015;徐小任 等,2017)。但是这种方法的应用目前都是基于年度或者多年的统计数据,这对于人类活动强度的实时动态监测有着很大的限制;因为比 1 年时间更短或者不是年数的整数倍时间段的人类活动强度无法进行监测。与此同时,政府的统计数据和我们需要的数据往往存在差距,很多时候不能满足研究的需求,因为这些数据并不是为我们的研究所服务的。更重要的是,政府统计数据由于一系列的利益关系,很可能出现人为的数据失真。而且,调查数据要花费大量的成本,在大面积上将会消耗大量的人力物力和财力。而遥感手段能够克服以上的不足,为基于 LUCC 视角量化人类活动强度提供了新的途径。

以往研究主要集中在人类活动强度的静态量化和空间化,人类活动强度时间维度的动态研究相对较少(Flandroy et al. ,2018;刘世梁 等,2018)。在研究尺度方面,以往人类活动量化和空间化的研究忽略了行政单元的多尺度,例如省、市和县。由于自然禀赋,历史文化原因,人类活动强度具有明显的行政区域特色,同时各级行政单位是调控措施的执行者,也是相关政策的制定者(Luo et al. ,2016a;Leng,2017)。而各级政府掌握本行政单位内的人类活动强度时空变化对制定和执行对应的调控措施极其重要,因此省、市和县的决策者迫切需要掌握本行政单元的人类活动强度量化信息。而市和县相关的公开数据很少,许多数据很难获得,这要求量化方法不能过于复杂,否则缺乏可操作性(罗开盛 等,2018b)。同时也需要实时快速,且成本相对低。从这个角度上而言,多指标综合评估方法显得并不适用。基于权重的多指标叠加分析方法和人类足迹指数等复杂和基础数据输入大的方法并不适用,而基于遥感手段和 LUCC 视角的方法具有较好的适用性。

基于此,本书从遥感手段和 LUCC 视角对省、市和县等各级行政单元以及区域和有着重要生态价值的保护区的人类活动强度进行量化和空间化,目的是:①刻画多行政尺度人类活动强度的时空变化规律;②探索出利用遥感手段实时快速监测人类活动强度定量变化的流程和方法;③探讨人类活动强度及其变化空间差异的原因并提出进一步研究的方向。

14.1　卫星影像处理和研究方法

14.1.1　研究区概况

湖南省位于中国长江中游以南、南岭山地以北,处于 24°39′～30°08′N,108°47′～114°15′E,简称"湘"。湖南省位于中国第二阶梯和第三阶梯的过渡地带,地表起伏大,海拔处于 3～1925 m;地势大致为东、西、南三面环山,中间低平,略呈向北敞开的不完整盆地。气候属于亚热带季风气候区,平均气温在 15～17 ℃,年均降水量在 800～1600 mm。土壤以红壤、黄壤、黄棕壤、暗棕壤为主。省内有武陵山、洞庭湖和南岭 3 个国家重点生态保护区(图 14.1)。湖南省是东部沿海地区和中西部地区过渡带、长江开放经济带和沿海开放经济带结合部,省内的长株潭城市群是中部重要经济增长极和人口集聚区。全省总面积 21.18×10⁴ km²,根据经济发展状况和方位,整个省份分为湘北、湘东、湘南、湘西和湘中 5 个区域,总计下辖 14 个地级市、122 个县。湖南省常住人口 6822.02 万,居全国第 7 位,实现地区生产总值 31244.7 亿元,占全国的 4.19%。中国政府自 2004 年实行"中部崛起"战略以来,城市化和工业化进程加快,经济快速增长,人类活动强度迅速加大(黄河仙 等,2015;Peng et al.,2017)。

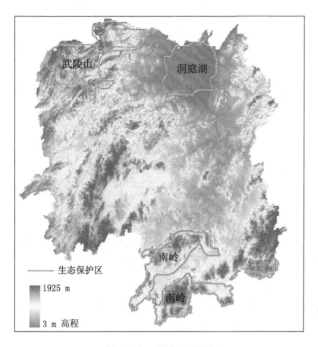

图 14.1 研究区概况

14.1.2 数据来源

本书选用中国环境减灾一号卫星的 CCD 影像(HJ-CCD)和 Landsat TM 作为遥感数据源,其中 2010 年土地利用信息的提取利用 HJ-CCD 影像,而 2000 年土地利用信息的重构利用 Landsat TM 影像。由于 TM 和 HJ-CCD 影像具有相同的波段(包括红绿蓝和近红外 4 个波段)、空间分辨率和相似的影像特征,因此利用 Landsat TM 和 HJ-CCD 进行 2000 年土地利用的重构。环境减灾卫星(HJ-1A/B)于 2008 年 9 月成功发射,其搭载 CCD 相机共 4 个波段,分辨率为 30 m,重访周期是 2~3 d(Wu et al.,2015)。为了更准确地提取各湿地类别,同时避免南方地区多云雾天气的影响,本书利用多季相的遥感影像。实验数据包括春、夏、冬三期影像共 24 景,其中 2010 年 HJ-CCD 影像 23 景(表 14.1),2000 年 Landsat 影像 4 景。辅助数据主要包括湖南省 1:50 万土地利用专题参考图、高程模型、坡度图、坡向图。HJ-CCD 数据从中国资源卫星应用中心(http://www.cresda.com/CN/)获得,Landsat TM 和 DEM 从中国科学院数据云(http://www.gscloud.cn/)下载获得。研究区矢量边界来自中国科学院资源与环境数据中心(http://www.resdc.cn/)。坡度图和坡向图利用 DEM 在 ERDAS 软件中生成。

表 14.1 本书中所利用的 HJ-CCD 遥感影像

春季影像	冬季影像	夏季影像
HJ1A-CCD1-5-84-20100318	HJ1B-CCD1-6-80-20101005	HJ1A-CCD2-7-84-20100805
HJ1A-CCD2-4-84-20100114	HJ1A-CCD2-6-84-20101204	HJ1B-CCD1-2-80-20100803

续表

春季影像	冬季影像	夏季影像
HJ1A-CCD2-2-80-20100317	HJ1B-CCD1-6-84-20101005	HJ1A-CCD1-2-84-20100809
HJ1A-CCD2-4-80-20100114	HJ1A-CCD2-6-80-20101208	HJ1B-CCD1-1-84-20100814
HJ1B-CCD2-1-84-20100311	HJ1B-CCD2-3-84-20101004	HJ1B-CCD2-3-84-201008 04
HJ1B-CCD2-1-80-20100311	HJ1B-CCD2-1-84-20101221	HJ1A-CCD1-2-84-20100805
HJ1B-CCD1-4-80-20100312	HJ1B-CCD2-1-84-20101221	HJ1A-CCD2-4-88-20100901
HJ1B-CCD1-4-80-20100312	HJ1B-CCD2-1-88-20100311	HJ1B-CCD2-4-88-20100918
HJ1A-CCD1-7-80-20100326	HJ1B-CCD2-1-84-20101221	
HJ1A-CCD2-4-84-20100114	HJ1A-CCD1-2-88-20101204	
HJ1B-CCD2-1-84-201 00311		
HJ1A-CCD1-5-84-20100318		

　　本书进行了野外采样调查,一方面是为了影像解译;另一方面是为了获得精度验证的野外样本点。在 2010 年,分别在春季(3 月)、夏季(6 月)和冬季(12 月)进行了 3 次横跨湖南省的野外采样,每次持续时间 1 个月,在野外采样路线的设计中综合考虑了影像特征和交通的可达性(图 14.2a)。在采样过程中,利用手持 GPS(全球定位系统)进行定位,读取经纬度数值,同时测量并记录样点土地利用类型及坡度、树高和周边状况。2010 年,总共采集野外样点 1644个,春季、夏季和冬季分别采集样点 158 个、347 个和 1139 个。所采集的 1080 个样本点用于2010 年土地利用结果的精度验证,其他采样点用于影像解译。

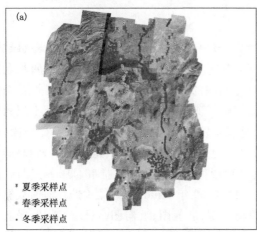
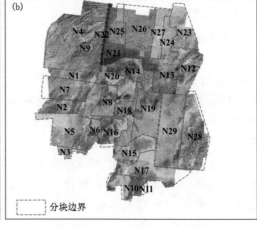

图 14.2　野外采样点空间分布(a)和影像分块情况与编码(b)

14.1.3　影像处理

　　HJ-CCD 影像的数据预处理主要包括投影转化、图像的镶嵌和裁剪、几何校正、正射校正和大气校正。以 Landsat TM/ETM 数据为参考影像,HJ-CCD 影像采用二次多项式变换和双线性内插方法完成影像的几何精校正。根据中国资源卫星应用中心提供的定标参数,对所有影像依次进行大气校正。Landsat TM 影像的预处理主要包括投影转化、图像的镶嵌和裁剪、正射校正和大气校正。所有空间数据统一采用 WGS84 坐标系、UTM 投影方式。考虑到计算机的数据处理能力以及研究区森林分布的区域差异,将预处理好的数据根据地形和森林分布状况进行分块并编码,建立数据集(图 14.2b)。

14.1.4　精度评估

本书的精度评估包括 2010 年湿地提取结果的精度评估和 2000—2010 年变化检测精度的评估。二者都利用误差矩阵方法进行精度评估。评估指标是漏分率、错分率、总体精度和 Kappa 系数。漏分率和错分率越高,分别说明提取结果漏分和错分的对象越多,反之亦然(Iabchoon et al.,2017)。而总体精度和 Kappa 系数的值越大,说明提取结果的总精度越高,效果越好;反之亦然(Iabchoon et al.,2017)。变化检测本质上也是分类,就是将影像分为变化和未变化两大类别,因此,变化检测结果采用和提取结果一样的评估方法。

14.1.5　人类活动强度量化方法

本书人类活动强度的量化采用徐勇等(2015)提出的 HAILS 方法。它是通过对不同土地利用类型进行赋值和折算,最终获得区域总的人类活动强度大小。人类活动强度的计算公式详见 11.2.2.4 节。

14.1.6　土地利用监测方法

面向对象技术基于具有物理意义的分类单元——对象,对基于像元的信息提取方法进行了根本性的革新(Georganos et al.,2018)。面向对象技术在土地利用信息动态变化监测中不仅可以利用地物的光谱特征,还可以充分利用地物的空间、纹理、空间结构、形状等各种特征,克服基于像元中“同物异谱”和“异物同谱”现象所带来的负面效应和噪声,提高土地利用的分类精度(Iabchoon et al.,2017)。研究结果已经表明,面向对象技术的土地利用信息提取的精度要比传统基于像元的高,且结果的边界更加吻合实际地物(Ma et al.,2017;Berhane et al.,2018;Luo et al.,2021)。面向对象技术正在替代传统基于像元的分类方法,逐渐成为新的标准方法(Yu et al.,2016;Georganos et al.,2018)。因此,本书利用面向对象技术进行 2010 年土地利用的分类和 2000 年土地利用信息的重构。

14.1.7　土地利用提取

本书采用联合国政府间气候变化框架的土地覆被分类系统,将土地覆被分为林地、草地、湿地、耕地、人工表面及未利用土地(张磊 等,2014)。本书利用二叉决策树进行湖南省 2010 年的土地覆被分类,由易到难逐步进行提取(图 14.3)。首先利用夏季 HJ-CCD 影像的近红外波段将影像分为湿地与非湿地。然后利用夏季影像的归一化植被指数(normalized differential vegetation index,NDVI)将非湿地划分成植被与非植被两类。湖南省耕地的坡度不大于 25°,土壤植被指数可以消除土壤对 NDVI 指标的影响,因此可以利用夏季影像的土壤调整植被指数(soil-adjusted vegetation index,SAVI)和坡度(slope)指标从植被中将耕地提取出来。非耕地根据生物量的差异大致分为林地和非林地(在研究区是草地),林地和草地的一个重要差异是生物量不一样。利用 NDVI 表征生物量,但利用单一季节的生物量来区分比较困难,为了拉大区分度,利用衡量全年生物量的累积 NDVI 即累计归一化植被指数(三个季相 NDVI 之和,ACNDVI)来度量;同时研究区相对高差大,林地有垂直地带分布,林地的分布和高程有密切关系,而且发现草地在 HJ-CCD 影像上纹理相对林地要粗糙得多,因此,综合利用 ACNDVI、DEM 和纹理(texture)3 个指标区分林地和草地。人工表面和裸露地首先反射率并不一样,亮度值不一样,同时交通用地在图像上的对象比裸露地更加紧致,因此综合利用亮度（brightness）和紧致度（compactness）来区分人工表面和裸露地（表14.2）。

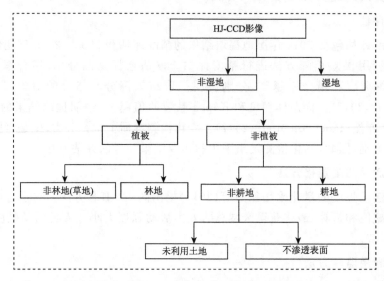

图 14.3 面向对象的土地利用分类流程图

表 14.2 各土地利用类型的提取特征

类别	特征参数或组合	备注
湿地	Band4_xia	Band4_xia 为夏季第 4 波段
非湿地	Band4_xia	
植被	NDVI_xia	NDVI_xia 为夏季 NDVI
非植被	NDVI_xia	
耕地	SAVI-xia、slop	SAVI_xia 为夏季土壤调节植被指数,slope 为坡度
非耕地（林地）	SAVI-xia、slop	
林地	ACNDVI、DEM、texture	NDVI_dong 为冬季的 NDVI 值,DEM 为数字高程模型
非林地（草地）	ACNDVI、DEM、texture	ACNDVI（accumulation NDVI）三个季节的 NDVI 之和
人工表面	brightness、compactness	brightness 为亮度值,compactness 为紧致度
裸土	brightness、compactness	

14.1.8 历史土地利用信息重建

2000 年,土地利用图的重建分为 3 个步骤,首先是通过变化检测获得变化区域,然后对变化区域分类,最后将 2000 年变化区域的分类结果更新到 2010 年土地利用图上。本书以 2010 年的 HJ-CCD 影像为基准期,2000 年 HJ-CCD 影像为变化期,利用面向对象技术的向量相似度函数进行变化检测（Xian et al.,2009）,获得变化区域。本书通过对不同时期的对象特征差异来获得变化区域。将基准期 T1 与变化期 T2 看作 n 维的特征向量（每个波段看作一个维度）（Xian et al.,2009）。根据向量相似性原理,向量的夹角越小且模的大小越接近,两个向量越相似（Xian et al.,2009）。获得变化区域后,利用面向对象技术的最邻近分类器对变化区域进行自动分类。然后在 ArcGIS 中把 2000 年变化区域分类结果图更新到 2010 年土地覆盖分类图上,从而得到 2000 年湖南省土地覆被图。

14.2　湖南省土地利用格局与历史重建结果

如图 14.4 所示,从效果上看,面向对象技术提取的森林信息结果比较平滑紧致,并不显得破碎,与实际森林类别保持较高的分布一致性。各类别的区分比较明显,不同类别的边界形态较为清晰,和研究区地形的自然分布比较吻合。

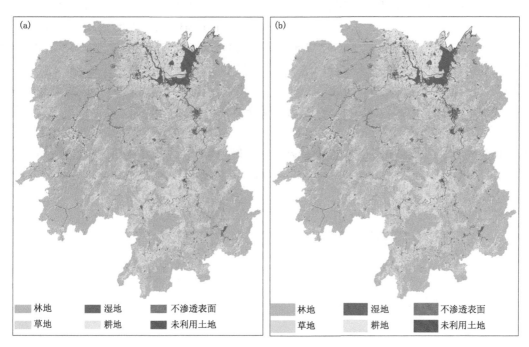

图 14.4　2000 年(a)和 2010 年(b)湖南省土地利用状况

利用 1080 个野外采样点进行精度评估,2010 年湖南省土地覆被分类的结果总体精度为 93.10%,Kappa 系数为 0.89。变化检测的错分误差、漏分误差和总体精度分别为 1.97%、8.13% 和 86.42%。这表明结果精度高,完全能够满足研究和实践的需求。

湖南省 2010 年林地面积最大,为 133103.62 km²,占湖南省总面积的 62.49%。其次是耕地面积,为 63572.75 km²,占湖南省总面积的 29.86%。排名第三的是湿地,面积为 7891.48 km²,占湖南省总面积的 3.71%。人工表面面积比较大,为 5308.29 km²,占湖南省总面积的 2.49%。草地和裸土的面积最小。2000 年,土地覆被面积从大到小依次是林地、耕地、湿地、人工表面、草地和裸土,它们的面积分别是 131975.40 km²、63995.79 km²、7832.61 km²、4603.56 km²、2544.47 km² 和 452.57 km²,所占比例分别为 62.47%、30.23%、3.71%、2.18%、1.20% 和 0.21%。

湖南省林地主要分布在西部、南部和东部的山区,西部地区面积最大且分布连续。湿地集中分布在湖南省北部平原区域,其他地方也有零星分布,但面积相对较小。耕地在研究区的范围比较广,但主要分布在湖南省中部和北部的平原以及山区的沟谷里面,其中北部平原的耕地面积最大且分布连续。人工表面分散分布,斑块相对较小,面积最大的是东北平原区域的长株潭城市群。草地和裸土的面积很小,在整个研究区零星分布。

14.3　湖南省人类活动强度的多尺度格局

14.3.1　湖南省的人类活动强度

研究表明,湖南省 2000 年的人类活动强度为 21.66%,而 2010 年的人类活动强度为 21.99%;2000—2010 年,人类活动强度增加了 0.33%,增加幅度为 1.58%。尽管整个研究区的人类活动强度变化不是很大,但是不同区域存在较大的差异。在 2000 年,北部地区具有最大的人类活动强度,达到 18.20%,其次是东部区域和南部区域,人类活动强度分别达到 17.67% 和 16.33%。而在 2010 年,东部区域有最大的人类活动强度,达到 18.66%,其次是北部区域和南部区域,人类活动强度分别达到 18.46% 和 16.54%。2000—2010 年,人类活动变化最大的是东部区域,人类活动变化了 0.99%,变化幅度达到 5.60%;其次是北部地区和南部地区,变化量分别为 0.26% 和 0.21%,变化幅度分别为 1.43% 和 1.29%。西部区域人类活动强度最小,2000 年和 2010 年分别为 15.06% 和 15.05%,同时值得注意的是,西部地区 2000—2010 年的人类活动强度并没有增加,而是减少(图 14.5)。由此可见,湖南省人类活动强度及其变化呈现出东部大于西部、北部大于南部的规律,其中东部地区最大,而西部地区最小,中部适中。

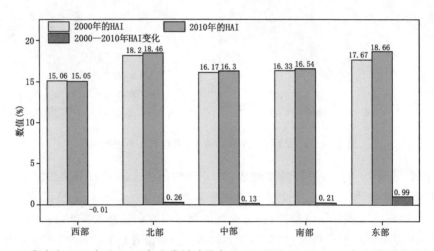

图 14.5　湖南省 2000 年和 2010 年人类活动强度(HAI)以及 2000—2010 年人类活动强度变化

14.3.2　人类活动强度的市域格局

在市域尺度上,湖南省的人类活动强度总体上呈现出由东北向西南递减的变化趋势。东北方向的益阳市在 2000 年具有最大的人类活动强度,为 15.91%,其次是常德市、岳阳市、衡阳市、湘潭市、长沙市,它们的人类活动强度分别为 15.76%、15.73%、15.67%、15.09%、14.62%(图 14.6)。而东北方向的长沙市在 2010 年的人类活动强度最大,达到 20.27%,其次是湘潭市、衡阳市、常德市、岳阳市和益阳市,它们的人类活动强度分别为 19.86%、18.78%、18.24%、18.20% 和 17.58%。而 2000 年和 2010 年人类活动强度的最小值都出现在张家界市。可以看出,长株潭城市群和洞庭湖保护区及其周边的市人类活动强度最大。

　　2000—2010 年,长沙市,湖南省的省会,人类活动强度变化最大,达到 5.65%,变化率为 38.65%;其次是湘潭市、衡阳市、株洲市、常德市、岳阳市、娄底市,它们的人类活动强度变化分别为 5.65%、4.77%、3.11%、2.48%、2.47% 和 2.11%,变化率分别为 31.61%、19.85%、18.39%、15.73%、15.70% 和 14.98%。而吉首市 2000—2010 年的人类活动强度变化最小。很明显,2000—2010 年人类活动活动在长株潭城市群及其周边的市最大。

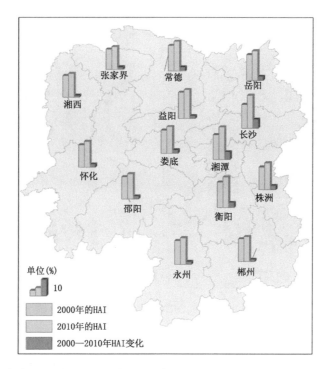

图 14.6　湖南省各地级市 2000 年、2010 年人类活动强度(HAI)以及 2000—2010 年
人类活动强度变化空间格局

14.3.3　人类活动强度的县域格局

　　本书进一步测算了湖南省每个县 2000 年和 2010 年的人类活动强度以及 2000—2010 年人类活动强度的变化。2000 年和 2010 年的人类活动强度利用 ArcGIS 中的自动断裂法分成 5 个等级,其中小于 21.17% 的为低人类活动强度,21.17%～22.82% 为中等人类活动强度,25.44%～35.16% 为较高人类活动强度,而大于等于 35.16% 的为高人类活动强度。在 2000 年,长沙市区具有最大的人类活动强度,达到 56.87%,其次是湘潭市市区,人类活动强度达到 41.99,两个县都属于高强度人类活动区。2000 年,衡阳市市区、株洲市市区、娄底市市区、邵阳市市区和岳阳市市区的人类活动强度属于较高(图 14.7a),数值分别为 35.16%、31.90%、28.22%、27.49% 和 27.10%。2000 年的中等人类活动强度的县包括望城县、怀化市市区、常德市市区、辰溪县、益阳市市区、湘阴县、醴陵市、常宁县、津市市、长沙县、东安县、祁阳县、湘潭县、安乡县(图 14.7a),它们的人类活动强度分别为 25.44%、25.43%、24.44%、24.27%、23.88%、23.87%、23.73%、23.69%、23.37%、23.10%、23.00%、22.97%、22.95% 和

22.90%。2010年,衡阳市市区由较高人类活动强度转化为很高的人类活动强度等级,其2010年人类活动强度为38.62%;而中方县、长沙县、望城县和怀化市市区由中等人类活动强度转化为较高人类活动强度等级;永州市市区由中等人类活动强度转化为较低人类活动强度等级,湘潭市市区由较低人类活动强度转为中等人类活动强度等级(图14.7)

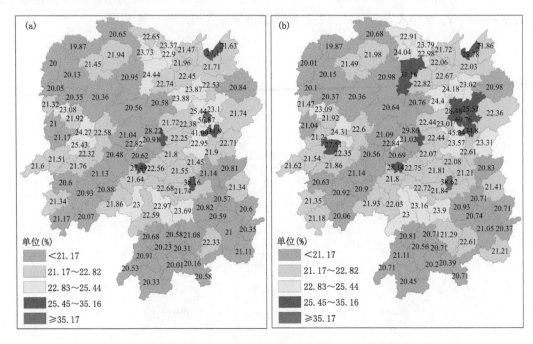

图14.7　湖南省2000年(a)和2010年(b)人类活动强度县域空间分布

　　根据人类活动强度变化的大小将2000—2010年人类活动强度的变化分为4个等级,-0.1%~0.12%为变化小的区域,0.13%~0.33%为变化中等的区域,0.34%~6.71%为变化大的区域,而6.72%~12.89%为变化很大的区域(图14.8)。2000—2010年,长沙市市区的人类活动强度变化最大,变化数值达到12.89%,变化率为22.67%;其次是常德市市区,2000—2010年人类活动强度变化了6.72%,变化率为27.50%。变化大的县主要集中在长株潭城市群及其周边地区,具体包括衡阳市市区(3.46%)、湘潭市市区(3.34%)、望城县(3.04%)、株洲市市区(2.90%)、长沙县(2.42%)、娄底市市区(1.64%)、宁乡县(0.72%)、株洲县(0.70%)、湘潭县(0.63%)、韶山市(0.63%)、衡山县(0.63%)、浏阳市(0.62%)、醴陵市(0.60%)、汨罗市(0.49%)。南部的永州市市区、嘉禾县、宁远县、西部的怀化市市区和中部的邵阳市市区人类活动强度变化也大(图14.8)。同时发现西南角的绥宁县和城步苗族自治县的人类活动强度变化为负值,表明人类活动强度在减弱。西部的桑植县、沅陵县、吉首市市区、通道侗族自治县和泸溪县的人类活动强度变化值为0,表明这5个县的人类活动相当微小。

14.3.4　重要生态保护区的人类活动强度

　　湖南省有武陵山生态保护区、洞庭湖生态保护区和南岭生态保护区,这3个保护区对于防止和减轻自然灾害,协调流域及区域生态保护与经济社会发展,保障国家和研究区的生态安全具有重要意义。因此,本书将3个生态保护区的人类活动强度进行了专题分析。在3个生态

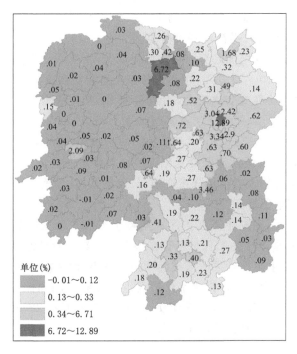

图 14.8　湖南省 2000—2010 年县域人类活动变化分布

保护区当中,人类活动强度值最大的是洞庭湖生态保护区,2000 年和 2010 年的人类活动强度分别为 22.17% 和 22.13%;其次是南岭生态保护区,2000 年和 2010 年的人类活动强度分别为 14.09% 和 14.21%;最小的是武陵山生态保护区,2000 年和 2010 年的人类活动强度都是 13.70%(表 14.3)。2000—2010 年,3 个生态保护区的人类活动强度变化存在很大的差异。具体来说,南岭生态保护区的人类活动强度增加,洞庭湖生态保护区的人类活动强度减小,武陵山生态保护区的人类活动基本保持不变。

表 14.3　湖南省 3 个生态保护区 2000 年和 2010 年人类活动
强度以及 2000—2010 年人类活动强度变化　　　　　　　　　　　　　　　单位:%

	武陵山生态保护区	洞庭湖生态保护区	南岭生态保护区
2000 年人类活动强度	13.70	22.17	14.09
2010 年人类活动强度	13.70	22.13	14.21
2000—2010 年人类活动强度变化	0.00	−0.04	0.12

14.3.5　不同尺度人类活动强度差异

　　湖南省 2000 年和 2010 年的人类活动强度分别为 21.66% 和 21.99%。湖南省 2000—2010 年的人类活动强度增加了 0.33%,增加幅度为 1.58%,要远远低于全球 1993—2009 年的 9% 的平均值(Oscar et al.,2016),同时人类活动强度低于全国 2000—2008 年的 0.63%,而增加幅度也低于全国的 7.96%(徐勇 等,2015)。尽管湖南省整体的人类活动强度并不大,但是在不同尺度上的空间差异比较明显。在区域尺度上,湖南省人类活动强度及其变化呈现出东部大于西部、北部大于南部的规律,中部地区适中。其中东部地区最大,2000 年的人类活动强度为 17.67%,高于对应年份的中国黄土高原地区的值(14.49%);2000 年的人类活动强度高达 18.66%,远远高于黄土高原 2008 年的 14.81%(徐小任 等,2017)。而西部地区最小,西部区域 2000 年和 2010 年的人类活动强度分别为 15.06% 和 15.05%,2000—2010 年的人类活动强度减小,其他区域都为增加趋势。在市域尺度上,人类活动强度及其变化总体表现从东北向西南递减的趋势。2000—2010 年,湖南省各市人类活动强度除了吉首市都表现为增加趋势,其中长沙市的人类活动强度变化最大,达到 5.65%,变化率为 38.65%;其次是湘潭市、衡阳市、株洲市、常德市、岳阳市、娄底市。在县级尺度上,长沙市市区在 2000 年和 2010 年的人类活动强度最大,分别为 56.78% 和 69.76%,2000—2010 年人类活动强度变化也最大,为12.89%。2000—2010 年,人类活动强度变化大的县主要集中在长株潭城市群及其周边地区。同时发现绥宁县和城步县的人类活动强度在减弱,而桑植县、沅陵县、吉首市市区、通道县和泸溪县的人类活动强度基本保持不变。

武陵山生态保护区、洞庭湖生态保护区和南岭生态保护区是湖南省的 3 个生态脆弱区。从人类活动强度变化来看,3 个生态保护区存在很大的差异。具体来说,南岭生态保护区的人类活动强度增加,洞庭湖生态保护区的人类活动强度减小,而武陵山生态保护区的人类活动基本保持不变。人类活动强度可以作为生态保护区生态服务功能和保护进展的衡量指标(Tulloch et al.,2016;Tapia-Armijos et al.,2017)。从这个角度上看,2000—2010 年,洞庭湖生态保护区的保护效果最好,其次是武陵山生态保护区,而南岭生态保护区的保护效果并不理想,人类活动强度在增大。

14.4　人类活动强度及其变化的影响因素

湖南省人类活动的空间分布与人口分布密度和经济发展程度密切相关,而二者很大程度上由地形地貌所决定。湖南省的西部和南部被一系列的山脉包围,特别是西部区域,而中部和东部地势相对平坦,以平原为主(图 14.1)。西部地区是中国地形地貌第一阶梯和第二阶梯的分界线,有雪峰山和巫山等一系列山脉,而南部有南岭山脉。这些区域海拔高,自然环境相对恶劣,交通不便,因此,人口密度小,自然生态系统受人类活动的干扰小(黄河仙 等,2015)。而中部和北部的平原区,特别是洞庭湖平原区域,是中国重要的粮食生产基地。而东部地区是湖南省的政治、经济和文化中心,湖南省的省会——长沙市以及周围地区形成的长株潭城市群,它隶属于国家 9 大城市群之一的长江中下游城市群,经济发达,人类活动强烈(Peng et al.,2017),从而形成了湖南省人类活动强度呈现出东部大于西部、北部大于南部的规律,东部地区最大、西部最小的格局。

2000—2010 年,长株潭城市群各市人口密度都表现为不同程度的增加(湖南省统计局,2011;汤放华 等,2011),其中,增幅最为明显的是长沙市,长沙市人口密度均值由 2000 年的每平方千米 497 人增加到 2010 年的每平方千米 595 人,增幅为 20%(湖南省统计局,2011;Liao et al.,2016)。2000—2010 年该区域各市 GDP 均值增加,且变化幅度都大于 100%(湖南省统计局,2011)。长株潭三市 GDP 均值基数大,经济发展程度高。其中,长沙市 GDP 均值由2000 年的每平方千米 573.22 万元增加到 2010 年的每平方千米 1738.20 万元,增幅达 203%;株洲市 GDP 均值每平方千米增加了 531.67 万元,增幅为 195%;湘潭市仅次于株洲,增幅为184%(湖南省统计局,2011;Liao et al.,2016)。在经济快速发展的影响下,2000—2010 年,长沙市的人类活动强度变化最大,达到 5.65%,变化率为 38.65%;其次是湘潭市,人类活动强度变化 5.65％,变化率为 31.61％。株洲市的人类活动强度变化也非常大,变化值和变化率分别为 4.77％和 18.39％(图 14.6)。同时,长株潭城市群的城市化进程的加快和经济的快速发展对周边的衡阳市、岳阳市、常德市、娄底市等产生了辐射作用(湖南省统计局,2011;Liao et al.,2016),进而导致这些市的人类活动强度变化大。而这些市直辖的市中心以及城市群及其周边的县也成为人类活动强度变化剧烈的集中区域(图 14.8)。其中在县级尺度上,人类活动强度变化最大的是长沙市市区,变化数值达到 12.89％,变化率为 22.67％。

　　政策对于研究区一些区域的人类活动强度及其变化具有重要作用,西北的张家界市是中国乃至世界上著名的森林旅游城市,市内的武陵源风景区被联合国教科文组织列为世界自然文化遗产和世界地质公园(由佳 等,2018),同时市内很多区域都是国家级重点风景名胜区,生态环境受到联合国和中国政府的严格保护(朱东国 等,2017)。为了保护中国优良的非物质文化遗产,中国政府在湘西市设立了国家级文化生态保护区和生态功能保护区(徐杰舜,2017)。因此,张家界市和吉首市 2000 年和 2010 年的人类活动强度以及 2000—2010 年的人类活动强度变化最小(图 14.6),而武陵山生态保护区的人类活动强度基本保持不变(表 14.3)。研究区北部的洞庭湖是中国的第二大淡水湖,被联合国和中国政府列为国家级湿地重点保护区,在此区域实行了严格的保护措施,因此,2000—2010 年洞庭湖生态保护区的人类活动强度呈现出减小趋势(表 14.3)。

14.5　应用价值与调控对策

14.5.1　应用价值

　　人是人地关系作用中的主导因子,人类活动是生态环境演变的重要驱动力之一(Vitousek et al.,2008)。由于人类活动强度的加大,人类赖以生存和发展的自然环境迅速退化,生态危机不断。人类活动强度对地球环境的干扰,使得地球的土壤圈、水圈、大气圈和生物圈不断变化,其中许多剧烈的变化表现为自然灾害的加重,如干旱、洪水、沙漠化和泥石流等,另有一些变化则表现为新灾害的发生,如酸雨、赤潮和疾病传播等(Vitousek et al.,2008)。人类活动强度的生态环境效应进而会影响到生态系统的服务功能(Xu et al.,2017)。据 Board(2005)结果显示,全球 60％的生态系统已经退化,其中人类活动是主要驱动因素。生态系统提供的服务不仅包括对人类有益的正服务,也包括对人类有害的负面服务(Xu et al.,2017)。而过强的人类活动很可能导致正服务功能的降低和负面服务功能的增加(Costanza et al.,2017)。对于人类活动强度变化对生态环境和生态服务功能的定量影响和机理评估可以通过将人类活动强度作为输入数据,借助数理模型或 InVEST、SWAT、ARIES 等模型实现。

14.5.2　调控对策

　　研究人类活动强度的落脚点是调控人类活动作用方向和速率,实现资源的可更新循环利用和生态资产的保值与增值,维护区域经济与生态环境的可持续发展(Costanza et al.,2017)。本书的结果表明湖南省的人类活动强度时空分异比较大,这要求我们因地制宜地制定调控政策。特别是高强度人类活动地区,需要进行高度的重视和优先考虑,因为高强度人类活动区域的负面风险更大。人类活动强度的调控可以从两个方面着手,一方面可以通过提高区域生态环境的承载力,增加人类活动强度可容纳的程度和阈值;另一方面是通过改变人类活动的方式,降低人类活动强度。对于长株潭城市群及其周边的高强度县市,由于生态环境承载力已经很高,改变人类活动方式是主要方面,例如调整产业结构、发展生态旅游产业。对于中等强度的区域,需要两方面齐头并进。对于南岭生态保护区,尽管中国政府制定了严格的减少人类活动强度的政策和措施,但是人类活动强度仍然在增加。鉴于此,在保护区建设过程中,需要认真贯彻落实这些保护政策和措施,从而减少人类活动强度增大的负面风险,进而使得南岭生态保护区保持健康可持续发展状态。

14.5.3　不确定性分析

人类活动本身并没有好坏之分,是一个中性的行为。人类活动的性质取决于它所产生的生态环境效应。它既可以引起自然灾害等负面效应,但是很多的人类活动,例如生态修复、生态工程也会带来一系列的正面效应。而人类活动强度的性质取决于生态环境承载力的阈值,强度在生态环境可承载范围内是一种健康的发展状态,而超过一定的阈值则带来一系列的负面效应(徐小任 等,2017)。而工业革命以来,各种生态环境负面效应频频出现,这也暗示人类活动强度已经接近甚至超过了阈值(Board,2005)。因此,高强度人类活动区域将会面临很大的生态环境负面风险。当然,人类活动强度阈值确定的相关研究还鲜有报道。与此同时,人类活动强度的阈值和区域的生态环境状况密切相关,各个区域和行政单位的数值并不一样。对于特定的区域,科学界定合理的人类活动强度阈值是未来需要进一步研究的问题。

与此同时,本书主要用 LUCC 来量化人类活动强度,具有一定的局限性。首先是没有包括影响人类活动强度的所有方面,例如大型工程建设、土地利用方式、工业生产方式等。其次没有顾及与区域的自然环境特点、资源禀赋条件以及技术经济发展水平等相适应的人类活动强度的"阈值"问题。尽管如此,LUCC 是人类活动的集中反映,基于 LUCC 的量化结果在很大程度上能够代表人类活动强度。

14.6　本章小结

本书基于 2010 年的中国 HJ-CCD 数据和 2000 年的 Landsat 数据,从 LUCC 视角量化了湖南省各行政尺度、区域以及重点生态保护区的人类活动强度并阐明了时空变化格局,获得如下结论。

(1)湖南省整体的人类活动强度以及 2000—2010 年的变化量并不是很大。湖南省 2000 年和 2010 年的人类活动强度分别为 21.66% 和 21.99%,2000—2010 年的人类活动强度增加了 0.33%。尽管如此,在不同尺度上的空间差异比较明显。在区域尺度上,湖南省人类活动强度及其变化呈现出东部大于西部、北部大于南部的规律,东部地区最大,西部地区最小。西部区域 2000 年和 2010 年的人类活动强度分别为 15.06% 和 15.05%,2000—2010 年的人类活动强度减小,其他区域都为增加趋势。南岭生态保护区的人类活动强度增加,洞庭湖生态保护区的人类活动强度减小,而武陵山生态保护区的人类活动基本保持不变。

(2)在市域尺度上,人类活动强度及其变化总体表现从东北向西南递减的趋势。2000—2010 年,长沙市的人类活动强度变化最大,达到 5.65%;其次是湘潭市、衡阳市、株洲市、常德市、岳阳市、娄底市。

(3)在县级尺度上,长沙市市区在 2000 年和 2010 年的人类活动强度最大,分别为 56.78% 和 69.76%,2000—2010 年人类活动强度变化也最大,为 12.89%。2000—2010 年,人类活动强度变化大的县主要集中在长株潭城市群及其周边地区。绥宁县和城步县的人类活动强度在减弱,而桑植县、沅陵县、吉首市市区、通道县和泸溪县的人类活动强度基本保持不变。武陵山生态保护区、洞庭湖生态保护区和南岭生态保护区是湖南省的 3 个生态脆弱区。

　　(4)湖南省不同地区人类活动强度及其变化的主要影响因子存在较大差异,主要涉及地形地貌、人口密度、经济发展和政策。人类活动强度大的行政单位或者区域需要引起关注,同时应该因地制宜地制定相应的调控政策和措施,以防范负面的生态环境效应。

第15章 基于虚拟水理论和遥感的森林耗水量测算

水资源在时空分布上的不均匀是水资源短缺的一个重要原因。从物质角度上讲,水资源是可以重新分配的(Deng X et al.,2015;Zhao et al.,2015)。长期以来,人们通过修建一系列的调水工程来实现社会资源的重新分配(Charlotte et al.,2015;Zhao et al.,2015)。例如中国已经修建了 20 多个总长超过 7200 km 的调水工程,解决水资源的空间不匹配问题,其中包括世界上规模最大的调水工程——南水北调。除了调水工程外,还有一种实现水资源重新分配的方法,那就是虚拟水(Zhao et al.,2015)。虚拟水已变成全球水资源需求和供给的重要成分,并导致了水资源的全球化(程国栋,2003)。

1993 年,英国学者 Allan(1998)首次提出了虚拟水的概念(Virtual Water),并将其定义为在生产产品过程中所需要的水资源量。继而,Hoekstra 等(2007a)建立虚拟水的"生产树"方法;Veith 等(2003)提出基于不同产品类型分区的虚拟水计算方法。Hoekstra(2007b)计算了茶叶、咖啡的全球平均虚拟水含量。Bulsink 等(2010)研究表明,外部流入的虚拟水缓解了缺水最严重的印度尼西亚人口密集地区——爪哇的水资源短缺。Yoo 等(2012)评估了韩国农作物产品的虚拟水进出口状况。虚拟水概念 2003 年由程国栋院士引入国内,后来不少学者都进行了相关研究(程国栋,2003;王婷 等,2020;吴普特,2020;杨雪 等,2021),例如,吴燕等(2011)核算出北京市 2005 年居民食品消耗人均虚拟水为 1023.05 m^3/人。

虚拟水相关研究在国内外取得了重要进展。然而,国内外对虚拟水的研究主要集中在农业虚拟水,特别是粮食虚拟水问题上,对于森林虚拟水并没有涉及。森林产品是水资源密集型产品,在虚拟水总量中占有很大比例。森林生态系统是地球三大生态系统之一,在生命周期中会消耗大量的水资源,而森林虚拟水的测算也是木质林产品(例如各种家具)测算的基础。因此,基于虚拟水理论,探索并研发森林虚拟水的测算方法能够丰富虚拟水的相关理论,进一步理清森林和水之间的关系,具有重要的开拓性意义。

基于此,本章以湖南省为例,首次利用遥感技术测算该省 2010 年全省和各地级市的虚拟水总量,并评估了森林虚拟水的空间差异程度,刻画了它们的空间分布格局,以量化森林耗水数量,为人类的森林管理以及协调人类需水和森林耗水之间的关系提供支撑。

15.1 数据与方法

15.1.1 数据来源与处理

15.1.1.1 数据源

本书使用的主要空间数据包括春、夏、冬三期的 HJ-CCD 和 Landsat TM 遥感影像。辅助数据主要包括研究区土地利用专题参考图、高程模型、坡度图、坡向图。空间数据的来源以及详细情况参看 14.1.2 节相关内容。2010 年研究区实体水数据来自《湖南省 2010 年水资源公

报》和《2010 年中国水资源公报》;湖南省 2010 年人口和国内生产总值(GDP)数据来自 2011
年的《湖南省统计年鉴》。

15.1.1.2　数据处理

遥感影像预处理:在 ERDAS 软件平台中,以 2010 年校准好的 ETM 为基准进行几何校
正,山地利用二次多项式进行正射校正。在 ENVI 软件平台中,利用 Flash 模块进行大气校
正。分别对春季、夏季、冬季三个时相的影像采用近红外、红光与绿光波段进行标准假彩色合
成。将所有 HJ 遥感影像统一为 Albers 投影坐标。考虑到数据量和计算机处理速度,将湖南
省的数据以夏季 HJ 影像为标准切割成 42 个子数据块,如图 14.2 所示。

人工交互式图像处理:在野外调查基础上结合专家经验建立各类森林的解译标志,e-Cog-
nition 软件平台中,通过人机互动,反复试验选取影像合适的分割尺度值;对分类指标的阈值
进行选择和控制。在 ArcGIS 软件平台中,对相同森林类别的图斑进行合并,对图斑属性信息
差错进行修改。将 42 块分类结果进行拼接,最终形成 2010 年湖南省森林分布图。

15.1.1.3　精度验证

分类结果利用野外采样点进行验证。2010 年数据通过实际踏勘验证,共进行野外踏勘
3 次:春季为 3 月,夏季为 7 月,冬季为 12 月,累计行程大约 60000 km(图 14.1a)。总共获得
484 个森林野外采样点进行结果验证。

15.1.2　森林虚拟水测算方法

根据虚拟水的定义,虚拟水是指生产商品和服务时耗费的水资源量,那么,森林虚拟水是
指生产"森林"时耗用的水资源量,这个耗水量是一个累积耗水量。田明华等(2012)认为森林
虚拟水由森林蒸散发、林冠蒸散发和土壤蒸散发构成,受到气候条件、地理环境条件和森林自
身的条件影响。可以用下面的公式表示:

$$FWV = E_t - \Delta P = E + I + T - \Delta P \tag{15.1}$$

式中,FWV 为森林虚拟水;E_t 为森林蒸散发量;E 为土壤蒸散发耗水量;I 为林冠蒸散发量;T
为植被蒸腾耗水量;ΔP 为森林水源涵养量的变化,它主要由森林效应引起降雨变化,可以忽
略不计,因为从长期来看,变化很小且无法测试(田明华 等,2012)。因此,FVW 主要由土壤、
冠层和植被在整个生长时间内(t)的蒸散发所组成,计算方法如公式(15.2)所示。

$$FWV = \int_0^t E_t \, dx = \int_0^t E \, d\alpha + \int_0^t I \, d\beta + \int_0^t T \, d\varphi \tag{15.2}$$

式中,x 为影响 E_t 的变量;α、β 和 φ 分别为影响 E、I 和 T 的变量;FWV、E_t、E、I 和 T 的物理
意义和公式(15.1)一样。田明华等(2012)通过 2010 年相关数据测算了整个中国针叶林、混交
林和阔叶林的虚拟水定额分别为 69534.39 m³/100 m²、69534.39 m³/100 m² 和 59878.93
m³/100 m²。本书中,FVW 的计算公式可以进一步表达为

$$Q = A \cdot \eta \tag{15.3}$$

式中,Q 为某一类森林的虚拟水总量;A 为某一类森林的面积;η 为某一类森林的虚拟水定额。
采用遥感手段提取各类森林的面积,而每一类森林的虚拟水定额(η)采用田明华等(2012)的研
究结果。然后,计算出森林虚拟水总量,进而与研究区实体水资源总量和其他虚拟水进行比
较。森林虚拟水的空间分布格局利用 ArcGIS 中的空间分析方法进行刻画。

15.1.3　面向对象森林信息提取方法

利用遥感影像进行地物信息提取和挖掘的方法按照基于的最小单元总体可分为传统基于

像元的方法和面向对象的方法。传统基于像元的地物提取方法主要挖掘遥感影像的光谱信息,而且很难充分利用多时相,多源的辅助数数据,分类结果过于破碎,产生"椒盐现象"。面向对象基于具有物理意义的同质性像斑,能够充分利用影像的光谱、空间形状、空间相对位置、上下文关系等多种信息,分类结果不仅能有效克服"椒盐现象",而且精度高(罗开盛 等,2013a)。研究采用面向对象技术在 e-Cognition 软件平台中进行森林信息的提取。利用春、夏、冬三个时相的遥感数据、采用决策树分类方法逐步提取出各森林类型(图 15.1)。湖南省森林包括常绿针叶林、常绿阔叶林、落叶阔叶林和针阔混交林 4 种类型。归一化植被指数(NDVI)是监测植被的一个有效性指标,能够指示植被生物量和生长状况。NDVI 更适用于中覆盖的地区,植被覆盖度太低则很难指示,过高则灵敏性下降呈饱和状态。湖南植被为中度覆盖区,NDVI 很适用。首先利用 NDVI 将遥感影像分为林地和非林地区域。常绿林和落叶林有着明显的季节变化,用差值归一化植被指数(DNDVI)来表征这种差异,可以把森林分为常绿林和落叶林,落叶林在研究中只有落叶阔叶林。常绿针叶林、常绿阔叶林和针阔混交林 3 种森林类型的年生物量是不一样的,同时在湖南的东、南、西方向都是海拔 1000～1800 m 的山脉,出现比较明显的森林垂直分布。因此,利用累积归一化植被指数(ANDVI)表征生物量差异;用 DEM 来识别垂直地带分布,可以把三者区分出来(罗开盛 等,2013b)。

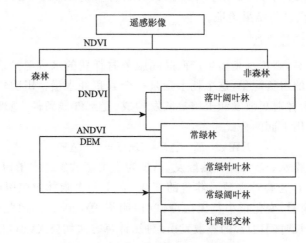

图 15.1　面向对象的森林分类流程

$$NDVI = \frac{DN_{NIR} - DN_R}{DN_{NIR} + DN_R} \tag{15.4}$$

$$DNDVI = |NDVI_{夏} - NDVI_{冬}| \tag{15.5}$$

$$ANDVI = NDVI_{春} + NDVI_{夏} + DDVI_{冬} \tag{15.6}$$

式中,DN_{NIR} 为遥感影像近红外波段的值;DN_R 为红波段的值;$DNDVI$ 为差值归一化植被指数;$ANDVI$ 为累积归一化植被指数;$NDVI_{春}$ 为春季归一化植被指数;$NDVI_{夏}$ 为夏季归一化植被指数;$NDVI_{冬}$ 为冬季归一化植被指数。

15.1.4　虚拟水空间差异程度评估方法

基尼系数是意大利经济学家基尼(Gini)于 20 世纪初首先提出来的(Takumi et al.,2012),用于评价贫富差距。衡量收入差距的国际统一标准为:基尼系数在 0.2 以下表示高度平均;0.2～0.3 表示相对平均;0.3～0.4 表示较为合理;0.4～0.5 表示差距偏大;0.5 以上为差距悬殊,其中 0.4 为收入分配公平性的"警戒线"(Karagiannis et al.,2010;Viehweger et al.,2014)。本书将基尼系数引入森林虚拟水中用于评估森林虚拟水的空间差异程度。虚拟水-人口基尼系数简称"虚拟水 P 系数";虚拟水-GDP 基尼系数简称"虚拟水 G 系数"。

15.2 湖南省森林分布

经统计,2010 年湖南省森林总面积 8640.37 km²,其中常绿针叶林 66883.55 km²、常绿阔叶林 14875.62 km²、落叶阔叶林 3099.54 km²、针阔混交林 1548.65 km²(表 15.1)。从图 15.2 可以看出,森林主要分布在东、西、南山区区域,中部的娄底市与北部洞庭湖平原地区较少。面积最大的是怀化市,其次是郴州市和永州市。森林常绿针叶林的面积最大,其次是常绿阔叶林,落叶阔叶林和针阔混交林的面积相对较小。常绿针叶林主要分布在湘西的湘西自治州、怀化市,湘南的郴州市和永州市,湘中的邵阳市;常绿针叶林的面积占到约 60%,其中怀化市面积最大,占到常绿针叶林的 17%。常绿阔叶林主要分布在湘南的郴州市、永州市和衡阳市,湘西的怀化市,湘中的邵阳市,面积占整个湖南省常绿落叶林的 67%,其中永州市面积最大,比例达到 23%。落叶阔叶林主要分布在湘南的永州市和郴州市,湘北的岳阳市,面积比例达 56%。针阔混交林主要分布在湘中的益阳市,湘东的长沙市。

表 15.1 湖南省 14 个市各类别森林面积   单位:km²

	常绿针叶林	常绿阔叶林	落叶阔叶林	针阔混交林	森林面积
株洲	4595.77	518.89	127.71	56.86	5299.23
衡阳	4129.03	1164.05	181.53	52.78	5527.39
邵阳	6945.01	1959.49	452.01	83.67	9440.17
郴州	8146.81	1896.05	264.23	159.39	10466.49
永州	6046.07	3406.38	985.78	1.83	10440.06
怀化	11647.55	1469.37	28.83	68.30	13214.05
长沙	2773.05	485.98	40.61	208.58	3508.22
湘潭	1000.10	14.23	8.45	45.77	1068.55
岳阳	2456.47	988.21	308.92	155.62	3909.22
常德	4274.02	115.64	36.85	60.41	4486.92
张家界	3109.78	1222.38	159.47	2.26	4493.88
益阳	3089.94	571.76	210.85	367.23	4239.79
娄底	2240.22	447.49	285.99	118.02	3091.72
湘西自治州	6429.73	615.69	8.32	167.93	7221.67
全省	66883.55	14875.64	3099.54	1548.65	86407.37

15.3 森林虚拟水的数量与分布

从空间分布来看(图 15.2b),湖南省的东北和北部地区虚拟水总量最小;东南和西部地区偏大;有从东北向东南和西部增加趋势;最大值出现在西部的怀化市,次大值出现在东南角的郴州市。

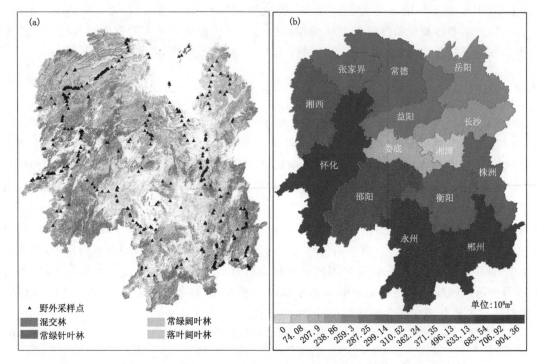

图 15.2　湖南省 2010 年各森林类别（a）和地级市森林虚拟水（b）的空间分布

经过计算和统计得到各个市和分区针叶林虚拟水量、阔叶林虚拟水量以及虚拟水总量（表15.2）。阔叶林虚拟水最高的是永州市，针叶林虚拟水总量最多的是怀化市，郴州市和永州市虚拟水总量排名分别为第二和第三。从方位区域上讲，湘南虚拟水总量最多，其次是湘中、湘西和湘东，湘北最少；阔叶林的虚拟水在湘南最多，其次是湘中和湘西；针叶林虚拟水最多的是湘南，其次是湘中和湘西，对区域总的虚拟水量贡献率分别是 73.16%、73.51% 和 75.05%。

湖南省阔叶林虚拟水总量为 $1076.33 \times 10^8 \mathrm{m}^3$，针叶林虚拟水总量为 $4758.39 \times 10^8 \mathrm{m}^3$，森林虚拟水总量为 $5834.72 \times 10^8 \mathrm{m}^3$。2010 年湖南省地表水量为 $1899 \times 10^8 \mathrm{m}^3$，地下水量为 $430 \times 10^8 \mathrm{m}^3$，水资源总量为 $1907 \times 10^8 \mathrm{m}^3$。因此，湖南省森林虚拟水是地表水资源总量的3.07 倍，是地下水总量的 13.57 倍，是实体水资源总量的 3.06 倍。2010 年中国矿化度小于等于 2 g/L 的地下水资源总量为 $8417 \times 10^8 \mathrm{m}^3$，湖南省森林虚拟水量和它的比例是 100∶69。由此可见，森林虚拟水量和实体水量相比，数量要大得多。

森林虚拟水是虚拟水中的组成部分之一，目前计算比较成熟的是农产品和动物畜产品的虚拟水。鲁仕宝等（2010）计算出了中国中部四省份（湖南、湖北、江西、河南）农产品单位产量的虚拟水量。Hoekstra（2007b）测算出了中国动物畜产品单位产量的平均虚拟水。本书利用他们的研究结果，从 2011 年的《湖南统计年鉴》获得湖南省农产品年产量；2011 年《中国农村年鉴》获得各动物畜产品的年产量。计算结果见表 15.3 和表 15.4。经计算 2010 年湖南省农产品虚拟水总量为 $1140.44 \times 10^8 \mathrm{m}^3$，森林虚拟水总量是它的 4.17 倍。2010 年动物畜产品的虚拟水总量为 $399.33 \times 10^8 \mathrm{m}^3$，森林虚拟水总量是它的 11.92 倍。农畜产品的虚拟水总量则为 $1539.77 \times 10^8 \mathrm{m}^3$，森林虚拟水总量是它的 3.09 倍。由此可见，森林虚拟水比农产品、动物畜产品要大得多。

表 15.2　湖南省虚拟水量　　　　　　　　　　　　　单位：$10^8 m^3$

	阔叶林虚拟水量	针叶林虚拟水量	总虚拟水量		阔叶林虚拟水量	针叶虚拟水量	总虚拟水量
株洲	38.72	323.52	362.24	湘潭	1.36	72.72	74.08
衡阳	80.57	290.78	371.35	岳阳	77.67	181.63	259.30
邵阳	144.40	488.73	633.13	常德	9.13	301.39	310.52
郴州	129.36	577.57	706.92	张家界	82.74	216.39	299.14
永州	263.00	420.54	683.54	益阳	46.86	240.39	287.25
怀化	89.71	814.65	904.36	娄底	43.92	163.98	207.90
长沙	31.53	207.33	238.86	湘西州	37.36	458.76	496.13
湘中	235.18	652.71	887.89	湘南	472.93	1288.88	1761.81
湘北	86.80	86.80	173.60	湘东	71.61	603.57	675.18
湘西	209.82	631.22	841.04	全省	1076.33	4758.39	5834.73

表 15.3　各农产品虚拟水总量

	水稻	小麦	玉米	豆类	薯类	糖料	蔬菜	油料	烟叶	水果
虚拟水定额(m^3/kg)	2.79	3.00	1.17	2.16	1.76	1.56	0.16	9.35	4.96	1.68
产量($10^7 kg$)	2689.20	9.90	168.10	40.29	118.00	76.59	3.45	195.26	22.22	788.41
虚拟水总量(m^3)	750.28	2.97	19.66	8.70	20.76	11.94	0.06	182.57	11.02	132.45

注：虚拟水定额数据来自鲁仕宝等（2010）的测算结果，下同

表 15.4　动物畜产品虚拟水总量

	猪肉	牛肉	羊肉	家禽	鲜蛋	鲜奶	水产品	奶酪
虚拟水定额(m^3/kg)	3.65	19.98	18.00	3.11	8.65	2.20	5.00	12.20
产量($10^7 kg$)	412.40	16.30	10.60	53.30	91.70	7.70	198.89	0.10

15.4　森林虚拟水的空间差异程度

从表 15.5 中可以看出，湖南省的 G 系数和 T 系数都超过了国际公认的"警戒线"，差距相当悬殊。这说明区域间的人均森林虚拟水量和单位 GDP 的森林虚拟水量差异大。各区域内市与市之间的森林虚拟水差距相当大。由此可见，湖南省森林虚拟水在区域内部以及全省的尺度上空间差异明显，差距很悬殊，这是自然环境，特别是地形地貌和人文经济以及经济发展水平综合作用的结果。湖南的经济发展水平和人口分布大体格局是从东向西递减（图 15.3），而森林虚拟水的大体格局是从东到西递增（图 15.2b）。而这种差异与经济发展状况和人口分布是不匹配的，经济发展水平高，人口密集地区的森林虚拟水较低，经济发展水平低，人口稀疏地区的森林虚拟水较高。

表 15.5　湖南省 G 系数与 T 系数

	湘东	湘西	湘中	湘南	湘北	全省
G 系数	0.97	0.98	0.96	0.97	0.99	0.58
T 系数	0.98	0.96	0.96	0.94	0.98	0.81

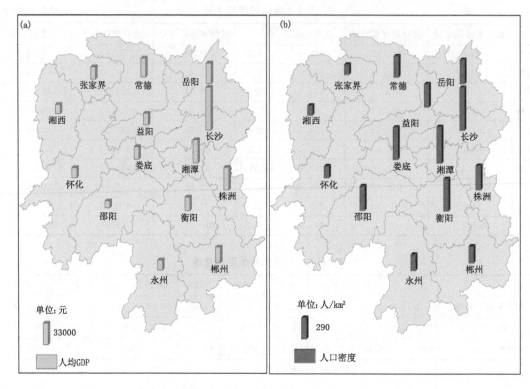

图 15.3　湖南省人均国内生产总值(GDP)(a)和人口密度(b)的空间格局

15.5　人类用水与森林耗水的博弈与权衡

经计算,湖南省年均森林虚拟水为 271.38×10⁸ m³。而 2010 年湖南省地表水量为 1899×10⁸ m³,地下水量为 430×10⁸ m³,水资源总量为 1907×10⁸ m³。森林虚拟水本质上为森林耗水量,因此,湖南省年均森林耗水量相当于地表水的 14.29%、地下水量的 63.11%、水资源总量的 14.23%。根据计算结果可以看出,森林耗水量是相当大的。

森林有着一系列的生态服务功能,例如净化空气、调节气候、提供木材、防止水土流失、维持生物物种多样性、涵养水源、消除噪音、旅游等(Notter et al.,2012)。这也是我们进行大规模植树造林,提高森林覆盖率的原因。但是在发挥这些功能的同时会消耗大量的水资源,属于生态用水的一部分。在干旱和半干旱地区,水资源已经成为制约发展和人类生存的限制性因素(Wang Y et al.,2012)。在湿润和半湿润地区,总水资源量相对比较充足,但是时空分布不均以及水资源污染都会导致水资源短缺,对人类可用水量产生威胁。很明显,森林耗水量和人类用水之间存在冲突,需要博弈和权衡。而森林耗水量的变化又会对水文系统的其他水文要素和水文过程产生影响。因此,在区域植树造林时,需要充分考虑对水文系统的影响,协调二者关系,根据当地实情使二者保持一个合理的比例关系,控制森林面积在区域最大阈值之内,既保持合理的森林面积以发挥生态服务功能,又能保证人类生产和生活用水。

森林恢复与造林工程离不开树种的组成与选择。不同树种在生长速度、个体大小、叶面积指数大小、根系形态和生物量大小及深度分布、土壤水文物理性质影响等方面还是有明显差异的,这必然产生不同的需水性(田明华 等,2012)。同一树种不同林龄的耗水量也不一样。天然林以成熟林为主,而幼龄林和中龄林主要来自人工造林。树木在成熟之前由于生长发育的要求会消耗大量的水,而成熟以后主要是维持功能,耗水量减少(李博,2000)。因此,在进行植树造林和森林管理中,需要根据区域水文系统的特征,选择优化树种结构、林龄结构以及天然林和人工林的结构。

15.6　本章小结

湖南省森林虚拟水总量很大,人均森林虚拟水和单位 GDP 森林虚拟水都高于全国平均水平,在虚拟水总量中的贡献要高于农畜产品。湖南省阔叶林虚拟水总量为 1076.33×10^8 m^3,针叶林虚拟水总量为 4758.39×10^8 m^3,森林虚拟水总量为 5834.72×10^8 m^3。2010 年湖南省森林虚拟水总量是湖南省农产品虚拟水总量的 4.17 倍,是湖南省动物畜产品的 11.92 倍;是湖南省农畜产品的 3.09 倍。湖南省森林虚拟水是地表水资源总量的 3.07 倍,是地下水总量的 13.57 倍,是实体水资源总量的 3.06 倍,与中国矿化度小于等于 2 g/L 的地下水资源总量比例是 69∶100。

湖南省的森林虚拟水量、人均森林虚拟水量和单位 GDP 森林虚拟水量空间分布很不均匀,区域差异大。森林虚拟水总量有从东北向东南和西部增加趋势。湖南省的森林虚拟水量与经济水平以及人口的分布不匹配。湖南省经济发展水平和人口数量由东向西递减,但是森林虚拟水量却由东向西递增。这是自然环境,特别是地形地貌和人文经济以及经济发展水平综合作用的结果。森林耗水量和人类用水之间存在冲突,需要博弈和权衡。在区域植树造林时,需要充分考虑对水文系统的影响,协调二者关系,根据当地实情使二者保持一个合理的比例关系,控制森林面积在区域最大阈值之内,既保持合理的森林面积以发挥生态服务功能,又能保证人类生产和生活用水。同时,在进行植树造林和森林管理中,需要根据区域水文系统的特征,选择优化树种结构、林龄结构以及天然林和人工林的结构。

基于遥感方法提取的森林信息的正确率不可能 100%,加之各森林类别虚拟水定额利用全国平均值。因此,本书结果不可避免地存在一定的误差。本书测算出的湖南省的森林虚拟水量为估算值,存在一定的偏差,仅供参考。

第 16 章   水文系统对生态工程强度的响应与适应

生态工程的定义是设计可持续的生态系统,使人类社会与其自然环境相结合,以使双方受益(Mitsch et al.,2004;Mitsch,2012)。为了应对生态环境的退化和改善人类生存环境,全球生态工程在过去 30 年得到了发展,特别是中国(Bryan et al.,2018;Sun et al.,2019;Zhao et al.,2020)。中国实施了一系列国家尺度的生态保护工程,期望恢复生态环境,仅 1998 年以来,中国在生态保护工程规模覆盖了大约三分之二的国土面积,投资达 3785 亿美元,例如退耕还林还草工程、天然林保护工程、三北防护林工程、耕地质量保护工程等(Ouyang et al.,2016;Bryan et al.,2018)。这些工程大大改变了水文系统所在的生态环境(Chen et al.,2019;Ge et al.,2019),对水文过程产生了重要影响(Wang S et al.,2015;Zhao et al.,2020)。

尽管如此,由于生态工程带有人类强烈目的性,因此,一系列评估实施成效的研究不断出版。在生态工程的水文效应方面,研究表明,生态工程对蒸发、土壤含水量、水源涵养、地下水储量、产水量等各水文要素和水文过程有着重要的影响(Mitsch et al.,2003;Cao et al.,2011;Ouyang et al.,2016;An et al.,2017;Bryan et al.,2018;Ge et al.,2019;Zhao et al.,2020)。这些使得我们清楚了生态工程相对生态工程实施前所引起的水文变化的最终结果,对生态工程的管理具有重要意义。但是以往研究过多地强调水文系统给人类带来的生态服务价值,忽略了水文系统所获得的利益。而生态工程建设是使人类和自然系统都获益的行为,生态系统的健康可持续发展才是基础(Mitsch et al.,2003;Mitsch,2012)。更重要的是,以前研究往往通过对比区域工程前后水文变化结果来获得结论,而在生态工程评估中,很大程度将水文系统看作一个"黑箱子",对生态工程影响和水文系统的反馈过程和机理的定量刻画还相当薄弱。

其中,生态工程实施强度被定义为单位面积上所承受的生态工程大小,对水文系统的影响是需要优先关注的研究内容。恢复生态系统通常不是实验科学。因此,从生态工程中很少能发展出普遍的科学原理,从而导致生态工程建设缺乏直接有效的理论指导,相关决策者或者管理者产生某种来自经验性的假设,并按照这种假设去实施生态工程(Luo,2021)。比较典型的是假设生态工程实施强度越大,获得的水文成效也大。人类不断投入人力物力财力,加大生态工程强度,很大程度是基于这种假设,这种假设是否正确呢,还有待科学的研究来证明。

综上所述,在量化生态工程强度的基础上,收集各种数据驱动水文模型,定量研究水文系统对生态工程强度的响应和敏感性,探讨生态工程强度对水文系统的影响过程,验证生态工程强度与水文效果是否呈线性关系,以期更加深入认识生态工程与水文系统的互馈机制,从而为生态工程的管理提供参考。

16.1   材料与方法

16.1.1   研究区概况

青藏高原中部的长江源区是长江流域的产水区,位于$(32°30' \sim 35°50'N, 90°30' \sim 97°10'E)$,

总面积达 13.78×10⁴ km²,平均海拔 4295 m(图 16.1)。源区水系主要包括沱沱河、当曲和楚玛尔河。流域内地貌类型多样,主要有高山、峡谷、盆地、湖泊和沼泽等。源区属于高寒半干旱和半湿润过渡带,年平均气温－2.2 ℃,年均降水量为 365 mm。植被从源区的东南向西北依次分布有高寒草甸、高寒草原、高寒灌丛。植物以莎草科、禾本科和菊科为主。主要土壤类型是高山草甸土和沼泽土。它号称中华水塔,对长江流域和中国水文系统健康和水资源安全具有重要意义(Immerzeel et al.,2020)。该区域占整个长江流域的 17%,提供了长江近 25% 的水量(Zhang et al.,2012)。20 世纪 70 年代到 2000 年,该区草地资源出现了严重的退化(73%),以及土壤侵蚀、沙漠化、湿地和湖泊面积减小等一系列问题(Shang et al.,2007;Liu et al.,2008)。为应对生态退化的严重问题,2005 年中国启动三江源生态环境保护与建设工程,实施退牧还草、退耕还林、黑土滩治理等 20 多项生态建设项目,2013 年继续第二期生态工程,成为中国开展生态工程建设的重点区域之一(Li,2015)。

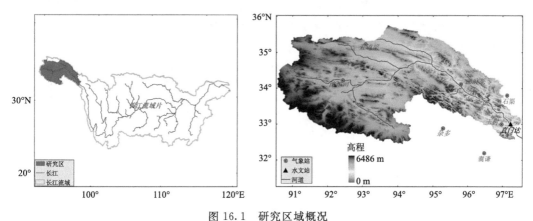

图 16.1　研究区域概况

16.1.2　数据与模型构建

16.1.2.1　SWAT 模型构建

本书利用 SWAT 水文模型进行水文过程模拟。该模型在世界各区域得到广泛应用,证实模拟性能优良(Luo et al.,2016b)。与此同时,利用孟现勇等(2014)的方法对融雪模块进行了修正(详细请看参考文献)。以 1980 年土地利用作为模型下垫面建立模型,2004—2015 年 12 期土地利用数据进行研究。土地利用以及河网数据来自资源与环境科学与数据中心(RESD)(http://www.resdc.cn/)。DEM 数据下载自 RESD 分辨率为 90 m 的 Shuttle Radar Topography Mission(SRTM)。1980—1989 年以及 2004—2015 年日尺度的气象数据来自中国气象局气象站点实测值(https://data.cma.cn/)。直门达水文站的月径流量观测数据用于模型率定,数据来自中国水文年鉴。利用 SUFI-2(Sequential uncertainty fitting version 2)算法进行模型校准,因为它的性能相对其他算法更好(Shivhare et al.,2018)。模型模拟效果采用决定系数(R^2)、纳西系数(NS)、标准差比率(RSR)和百分比偏差(Precent bias,PBIAS)来衡量(Moriasi et al.,2007)。土壤利用来自联合国粮农组织的世界和谐土壤数据(Harmonized World Soil Database,HWSD)(http://www.fao.org/soils-portal/soil-survey/)。

16.1.2.2　生态工程强度量化方法

本书采用徐勇等(2015)提出的陆地表层人类活动强度指数(human activity intensity of land surface，HAILS)方法量化生态工程强度。生态工程属于人类活动的一种。研究区地处偏远的青藏高原区域，人口稀少；同时，中国政府2005年对这个区域进行了生态移民，很少数量的人口也被迁往其他区域。因此，该区域的非工程性人类活动微小，几乎可以忽略不计，生态工程近似于人类活动。以往很多学者通过累加赋值不同种类人类活动的方法对人类活动进行量化。详细研究进展可参看第11章。事实上，土地利用活动是人类对生态系统扰动最直接的表现，是生物多样性受到威胁的首要驱动因素(Foley et al.，2005)。虽然有些学者，例如Sanderson等(2002)，采用土地利用、人口密度、道路和夜间灯光指数等因子刻画人类活动强度，但人口密度、道路和夜间灯光指数均和土地利用高度相关，其信息能够通过土地利用较好地表征(李士成 等，2018)。其中，徐勇等(2015)基于中国土地利用状态构建了一个客观反映人类活动强度的指标——HAILS，既简单可操作性强，又符合中国区域特点，而且通用可比性强。因此本书采用徐勇等(2005)的量化方法，它的详细计算公式参看11.2.2.4节。其中，本书中各土地利用类型的建设用地当量折算系数如表16.1所示。

表 16.1　本书中各土地利用类型的建设用地当量折算系数(CI_i)

土地利用类型	草地	不渗透表面	水体	林地	耕地	未利用土地
CI_i	0.1	1	0	0.111	0.2	0

16.1.2.3　生态工程单独水文贡献分离方法

研究利用情境分析法来分离水文系统各要素对生态工程强度的单独响应量。如表16.2所示，设置11个情景(M1—M11)，分别代表2005—2015年每隔一年的水文过程。每个场景仅仅改变土地利用，而模型其他所有输入都保持不变。因此不同场景的模型输出都是基于土地利用所引起，而生态工程强度是基于土地利用计算获得。因此，MI到M11的模型输出结果分别代表了2005—2015年每年水文系统对生态工程强度的响应。

表 16.2　情景设置

情景	土地利用(年份)	气候数据(年份)	模型其他输入
M0	2004	2004	不变
M1	2005	2004	不变
M2	2006	2004	不变
M3	2007	2004	不变
M4	2008	2004	不变
M5	2009	2004	不变
M6	2010	2004	不变
M7	2011	2004	不变
M8	2012	2004	不变
M9	2013	2004	不变
M10	2014	2004	不变
M11	2015	2004	不变

16.1.2.4　敏感性分析方法

敏感性本身的含义就是因变量对单一自变量微小变化的响应/变化。对于任何水文要素（H_i），受到生态工程（ESE）、气候（C），以及其他各种因素（O_i）的影响，是各因素综合作用的结果，可以表达为

$$H_i = F(ESE, C, O_1, O_2, O_3, \cdots, O_i) \tag{16.1}$$

因此，水文要素对生态工程强度的敏感性可用数学公式表达如下：

$$\Delta H_i = \frac{\partial H_i}{\partial ESE} \Delta IEE \tag{16.2}$$

公式变换后为

$$S_i = \frac{\Delta H_i}{\Delta IEE} = \frac{H_{ij} - H_{i(j-1)}}{IEE_j - IEE_{j-1}} (2005 \leqslant j \leqslant 2015) \tag{16.3}$$

式中，ΔS_i 是第 i 个水文变量对生态工程强度（IEE）的敏感性；ΔH_i 是第 i 个水文要素的变化；ΔIEE 是生态工程强度变化；$\partial H_i / \partial ESE$ 是生态工程（ESE）对第 i 个水文要素的变化的贡献。H_{ij} 是第 i 个水文要素第 j 年的值，$H_{i(j-1)}$ 是第 i 个水文要素第 $j-1$ 年的值；IEE_j 是第 j 年生态工程强度的值；IEE_{j-1} 是第 $j-1$ 年生态工程强度的值。本书中 2005 年各水文要素计算通过与 2004 年比较获得，如 M0 情景所示。为了消除量纲单位的影响，使得各指标处于同一数量级，增加指标之间的可比性，利用 Altman（1968）提出的 Z-score 法对数据标准化处理，Z-score 法的详细原理可参看文献。

16.1.2.5　分析方法

为了反映要素伴随生态工程强度变化的运动轨迹，本书利用 B 样条曲线（B-Spline）进行拟合。无序点集的曲线拟合方法大体上可分为最小二乘法、骨架法、离散方法和最优化方法。B-Spline 属于最优化方法中的一种。在各种方法中，B-Spline 的应用越来越广泛。这主要因为 B-Spline 曲线可以保证曲线的连续性，并且易于修改和调整曲线的局部形状，从而简化了曲线的平滑拼接（施法中，2013）。

$$p(u) = \sum_{i=0}^{n} d_i N_{i,k}(u) \tag{16.4}$$

式中，$d_i (i=0, 1, \cdots, n)$ 为控制定点；$N_{i,k}(i=0, 1, \cdots, n)$ 为规范的 k 次 B 样条函数，最高次数为 k；基函数是由一个称为节点矢量的非递减参数 u（U：$u_0 \leqslant u_1 \leqslant \cdots \leqslant u_{n+k+1}$）所决定的 k 次分段多项式（施法中，2013）。

$$\begin{cases} N_{i,0}(u) = \begin{cases} 1, u_i \leqslant u \leqslant u_{i+1} \\ 0, \text{其他} \end{cases} \\ N_{i,k} = \dfrac{u - u_i}{u_{i+k} - u_i} \times N_{i,k-1}(u) + \dfrac{u_{i+k+1} - u}{u_{i+k+1} - u_{i+1}} \times N_{i+1,k-1}(u) \\ define \ \dfrac{0}{0} = 0 \end{cases} \tag{16.5}$$

式中，i 为节点序号；k 为基函数的次数，共有 $n+1$ 个控制顶点。本书采用二次样条函数进行拟合，即 $k=2$ 且 $n=5$。

16.1.2.6　SWAT 模型率定结果

本书采用决定系数（R^2）、纳西系数（NS）和百分比偏差（$PBIAS$）和均方根误差标准系数

（*RSR*）评估模型结果（Moriasi et al.，2007）。R^2 衡量模拟值和实测值的拟合效果，范围为 0～1，值越大表示模拟效果越好。一般来说，$0.75 < NS < 1.00$，$0.00 < RSR < 0.50$ 且 $PBIAS < \pm 10\%$，表明效果非常好；$0.65 < NS < 0.75$，$0.50 < RSR < 0.60$ 且 $\pm 10 < PBIAS < \pm 15$，表明效果比较好；$0.50 < NS < 0.65$，$0.60 < RSR < 0.70$ 且 $\pm 15 < PBIAS < \pm 25$，表明模拟结果满足要求（Moriasi et al.，2007）。如图 16.2 所示，模型模拟结果与观测值有一定的偏差，这可能主要是因为没有考虑永久性冰川对水文的影响，但是以往研究表明这种影响相当小（曹建廷等，2007；Liu L et al.，2020a）。因此，根据以上标准判断模拟结果，发现模型模拟结果很好。

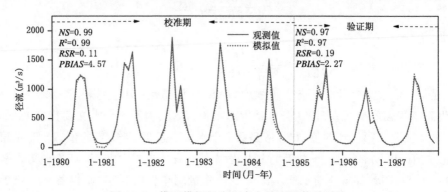

图 16.2　模型模拟径流和水文站观测值的对比

16.2　生态工程强度变化

如图 16.3 所示，生态工程强度在生态工程的开始年份（2005 年）数值最低，为 10.209。2006 年生态工程强度迅速增大，出现拐点，生态工程强度直接上升到 10.251。2006 年以后生态工程强度稳步上升。2013 年伴随着第二期生态工程的开始，生态工程强度在第一期的基础上有迅速加大的趋势。尽管 2015 年的生态工程强度稍微下降（10.253），但仍然要比 2005 年高 0.44，应该属于正常波动。从整体上看，生态工程强度呈现出持续上升趋势，年平均上升幅度为 0.002。

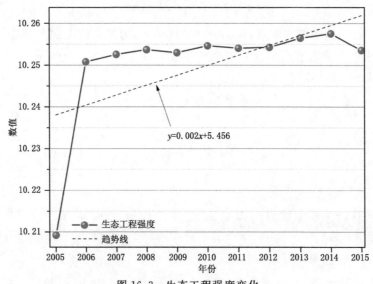

图 16.3　生态工程强度变化

　　量化结果反映了生态工程活动的轨迹。2005 年开始实施生态工程,预计投入 75 个亿,开展包括退牧还草、退耕还林还草等 20 多个生态工程项目,是一个非常浩大的工程(邵全琴 等,2016;Zhang et al.,2017),相关的准备和具体的筹划相对花费了很多时间(邵全琴 等,2016),因此生态工程强度比较小。从 2006 年开始,生态工程建设进入到正轨,生态工程的工作持续推进,生态工程强度持续稳定地增加。2013 年开始,中国政府延续第一阶段的生态建设,继续开始第二阶段的生态工程建设,安排投资 160 亿元,比第一阶段增加了一倍多,进一步拓展和提升生态工程建设(Zhao,2014),因此,2013 年开始生态工程强度相对上升幅度加快。

16.3　生态工程强度的水文响应

　　从图 16.4a 可以看出,水文系统对生态工程强度的响应并非线性,并没有随着生态工程强度的增加而增加,而是整体上具有明显的阶段性。尽管 2005—2007 年生态工程强度是持续增加的,特别是 2006 年(图 16.3),但是水文系统几乎没有发生变化和较大波动,把这段时期称为生态工程的滞后期。2007—2008 年,水文系统开始具有较大波动,把这段时间称为过渡阶段。2008—2010 年,水文系统对生态工程强度的增加产生巨大的波动,把这段时间称为敏感期。2010 年以后,水文系统对生态工程引起的响应下降,中间仍然有些波动,把这段时间称为适应期(图 16.4)。

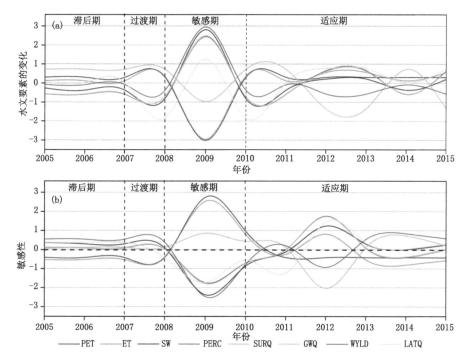

图 16.4　水文要素对生态工程强度变化的响应(a)和敏感性(b)(PET、ET、SW、PERC、SURQ、GWQ、WYLD 和 LATQ 分别表示潜在蒸发、实际蒸发、土壤含水量、下渗、地表径流、基流、产水量和侧向补给)

　　水文是一个具有非线性、不确定性以及复杂性的动态平衡系统(Agee,1996;Wei et al.,2011)。因此,对于外界干扰的响应没有呈现线性的规律。而生态工程相对水文系统来说本质上是人类活动的干扰。但事实上,水文系统时刻都受到外界的干扰,但是水文系统本身具有一定的结构和自我运行的规律,并不是外界所有的干扰都会导致系统的波动,只有干扰强度达到一定的程度,才会导致系统的波动(Agee,1996;Wei et al.,2011)。因为水文系统具有一定的韧性,在受到干扰之后会吸收干扰并维持自身结构和功能(Holling,2005)。2005 年生态工程开始建设,随后工程项目迅速增加,但是干扰的强度并不够,而水文系统对外界干扰也具有抵抗力和吸收能力,强度较小的干扰会被抵抗住或者被吸收了(Folke et al.,2010)。因此,长江源水文系统基本保持平衡状态,仍然按照自身的规律进行运转。

在过渡阶段,随着生态工程强度持续增加,水文系统开始产生较大的波动。在长江源区域,变化最大的开始于 SURQ 和 PET,都呈现增加的响应。生态工程是作用于土地系统的人类活动,因而将会导致土地利用发生重要变化。而土地的转化在多个层次上影响降水、蒸发、径流以及土壤侵蚀等,导致流域水资源的重新分配,并由此影响水循环过程。同时它能够改变水热传输、反照率、净辐射,进而改变流域水循环(Foley et al.,2005;Piao et al.,2007;Sterling et al.,2013)。退耕还林还草是研究区的主要生态项目之一,研究表明,耕地是持续减少的。耕地转化为草地或者是林地,初期在下垫面性质和辐射传输等方面具有未利用土地的性质,相对耕地而言,地表产流和潜在蒸发更大(Deng X et al.,2015;Ge et al.,2019)。

随着生态工程强度的继续增强,水文系统已经无法按照自身原有规律运行,系统产生很大的波动,远远地偏离了平衡状态,从而进入了敏感阶段,表现为系统的结构和功能都发生重要的变化。在研究区,SW、GWQ、PERC、LATQ 迅速增加,而 PET、ET 和 SURQ 迅速减少,最后导致水文系统最终输出的 WYLD 迅速增加,远远偏离平衡状态。随着时间的推移,许多其他土地利用类型转化为草地和林地。结果显示,2005—2010 年耕地和未利用土地分别净减少了 104.97 hm² 和 76.17 hm²,而这些减少的耕地和未利用土地主要转化为了草地和林地。未利用土地转化为草地,截留的雨水更多,从而减少更多直接落在草地地表的降水;同时减缓水流运动速度,由于更多的阻力,同时也会降低土壤的紧实度,从而提高水源涵养能力进而减少了地表产流(SURQ)(Deng X et al.,2015)。而森林对区域水源涵养能力影响强度最大(王保盛 等,2019),减少 SURQ 的效果更大(Zhou et al.,2015;Wu et al.,2020)。各种土地转化改变了地表辐射传输特征和能量平衡(Deng X et al.,2015),最终导致 PET 和 ET 减少。

水文系统经过大波动的敏感期后,生态工程强度并没有超过水文系统的承载阈值,水文系统进入到一个适应期。根据 Gunderson 等(2003)的适应性循环理论,系统发展的最后是经历重组织。在这个过程中,韧性(Resilience)强的系统适应外界干扰并通过创造新的重构机会来支撑进一步发展;另一种可能性是,在重组阶段系统缺少必要的能力储备,从而脱离循环,导致系统失败(Gunderson et al.,2003)。结果显示,在长江源区域,水文系统对于生态工程强度具有较强韧性,实现了水文系统的重组并最后适应生态工程干扰。水文系统的适应性一方面来源于水量平衡和能量平衡;另一方面水文系统的载体是生态系统,二者是耦合的,而生态系统的有机体适应性也使得水文系统具有适应性特征。

16.4　水文系统对生态工程的敏感性

敏感性和水文系统的响应总体上保持一致的规律。滞后期水文系统各要素对生态工程的敏感性基本没有变化,过渡阶段敏感性迅速增加,敏感期敏感性也最大,适应期敏感性逐渐下降(图 16.4b)。

从图 16.4 可以看出,没有任何水文要素在 2005—2015 年的整个过程中始终保持最大/最小敏感性,都是上下进行波动。但是每一个阶段存在敏感性最大/最小的水文要素。在滞后期、过渡期、敏感期和适应期最敏感的水文要素分别是 ET、ET、PET 和 SURQ。WYLD 是流域水文要素的综合表征(Luo et al. ,2016b),它的敏感性取决于其他水文要素。由于该区域是产水区,水循环以垂直方向上的降水—蒸发为主要循环流(Luo et al. ,2016a),因此,PET、ET 在前三个阶段都最敏感。生态工程直接作用于土地系统(Bryan et al. ,2018),在工程后期土地转化增加并形成规模,直接改变了下垫面状况(Foley et al. ,2005;Piao et al. ,2007;Sterling et al. ,2013),从而成为 SURQ 最敏感的水文要素。

最敏感性水文要素相对水文系统应该是脆弱性的因子,是系统的短板,因为水文系统的崩溃与否往往取决于最敏感性因子(Gunderson et al. ,2003;Walker et al. ,2006;Folke et al. ,2010)。而对人类来讲,最敏感性水文要素也是实施生态工程获取水文成效的优先选择因子,因为单位强度的变化量最大,通过调整它,水文系统的变化才最为显著,从而提高了生态工程的实施效率。但不管从哪个角度上说,最敏感性水文要素都是在生态工程实施过程中需要最优先关注的对象。因此,在长江源区域,在生态工程实施的滞后期、过渡期、敏感期和适应期分别需要最优先关注 ET、ET、PET 和 SURQ。

16.5　生态工程水文干扰的管理对策

研究表明,水文响应和生态工程强度呈非线性关系,水文响应并非随着生态工程强度的增加而增加。但事实上,在生态工程实施过程中很大程度上假定二者是线性关系,认为生态工程强度越大,取得的成效就越大。基于这种假设,强调增加投入,增大工程实施强度。这种假设仅仅看到工程的发出者——人类本身,并没有考虑工程的承载体——水文系统,没有考虑二者的关系。研究结果表明,这种假设是不正确的,生态工程强度需要以合适为标准,而不是越大越好。同时可以看出,选择不同的时段获得效果并不一样,这可以作为解释相同区域不同时段所获得的效果评估结果不一样,甚至相反的原因之一。这暗示相关部门应该根据评估目的和水文系统的响应规律,选择合适的评估节点和评估时段,而不是以往的简单以生态工程开始时间和结束时间为节点,因为这两个节点是人类主观确定的,并不一定遵循自然规律。

研究表明,水文系统对生态工程的响应并不是即时的,而是有一个滞后期。在生态工程实施初期,往往存在一个滞后期,管理者不能减缓工程强度甚至放弃工程,而是需要继续加大生态工程强度。研究表明,各水文要素对生态工程强度的敏感性是动态的,没有一个水文要素持续保持最敏感或者最不敏感。但是,在不同阶段有最敏感的水文要素,而它是最需要最优先关注的因子。在长江源区域,在滞后期和过渡期都需要最优先关注 ET,而敏感期和适应期分别需要最优先关注 PET 和 SURQ。

16.6　本章小结

本章量化了生态工程强度和水文系统的关系。结果显示,人类活动强度和水文响应并不是线性关系,水文响应并不是随着生态工程强度的增加而增加,而是具有明显的阶段性,具体而言,分为滞后期、过渡期、敏感期和适应期四个阶段,在不同的阶段具有不同的水文响应特征、响应结构和响应功能。因此,管理者需要放弃以往二者线性关系的假设,根据评估目的和水文系统的响应规律,选择合适的工程强度、评估节点和评估时段。同时,在生态工程实施初期,往往存在一个滞后期,管理者不能减缓工程强度甚至放弃工程,而是需要继续加大生态工程强度。此外,需要优先关注不同阶段的最敏感水文要素,以提高工程效率和掌控水文系统的响应。在长江源区域,滞后期和过渡期都需要最优先关注 ET,而敏感期和适应期分别需要最优先关注 PET 和 SURQ。

第17章　水稻免耕对流域蓝绿水的影响

水稻是世界上最重要的粮食作物之一,也是我国最重要的主食(Zhang et al.,2020)。我国水稻产量占粮食总产量的35%,种植面积占全国耕地的25%;而我国水稻种植面积居世界第二位,年产量占全国粮食总产量的1/3(杭玉浩 等,2017)。如何在增加粮食产量的同时降低环境负效应成为农业发展迫切需要解决的难题(Pittelkow et al.,2015;Chen et al.,2017)。保护性耕作是一种配以大量秸秆、残茬覆盖的最小土壤耕作措施,并以秸秆覆盖量为依据将保护性耕作划分为免耕和少耕,其中,免耕要求前茬作物收获后秸秆和残茬覆盖量不小于30%(CTIC,2002)。免耕作为主要的最佳管理措施(BMPs)之一,其目标就是增加作物产量的同时,最大限度地减少环境负面效应(Liang et al.,2016;常舰,2017)。径流是营养物输出的主要载体,径流的变化和水资源管理、水沙过程、营养物迁移与输出有着重要联系(Liang et al.,2016;常舰,2017;Mtibaa et al.,2017)。因此,研究水稻免耕的水文效应具有重要意义。

尽管免耕水文效应的相关研究取得了较大的进展,但主要集中在小麦、玉米、棉花和大豆等旱地作物(Alvarez et al.,2009;Huang et al.,2020;Mehra et al.,2020;Peng et al.,2020),对于湿润地区的水稻关注不够。以往水稻免耕田间试验研究表明,相对于传统耕作,由于免耕能够捕获更多的降雨、抑制土壤流失、提高土壤团聚性、大空隙能增加水分的下渗等原因,水稻免耕减少了径流量(Wang J et al.,2015;Mehra et al.,2020;Xiao et al.,2020)。例如,Liang等(2016)在东苕溪流域的研究表明,免耕使得径流减少了25.9%,而Wang J等(2015)在巢湖地区的研究表明水稻免耕使得径流减少了5%~20%。

蓝水和绿水的概念最先由瑞典水文学家Falkenmark(1995)提出,他认为降落在地表的水包括蓝水和绿水两部分。其中,蓝水指由降水形成的地表水和地下水,是可见的液态水流,包括河流、湖泊、湿地和浅层含水层中的水;而绿水指由降水下渗到非饱和土壤层中供给植物生长的水,是垂向进入大气的不可见水(Falkenmark,1997;徐宗学 等,2013)。传统水资源评价和管理仅包括可见的、可以直接被人类利用的水资源,即只评价易于被工程开发利用的可更新的地表水和地下水,而往往忽略了绿水(Falkenmark,1995;臧传富 等,2013)。蓝水、绿水的提出为水资源的评价和研究提出了新思路,近年来引起了国内外学者的广泛关注(刘昌明 等,2006;徐宗学 等,2013;臧传富 等,2013)。

目前水稻免耕水文效应的研究主要集中在田间尺度,在流域尺度上的相关认识还相当有限。同一流域的环境具相似性,但流域内农业环境和水文环境又存在一定差异。由于尺度效应问题,站点试验结果无法上推到流域尺度(Luo et al.,2017)。在连续的流域尺度上,水稻免耕对蓝绿水会产生何种影响,在流域内又存在着何种区域差异,这些尚不清楚。

SWAT(soil and water assessment tool)模型在SWRRB(simulator for water resources in rural basins)模型基础上不断改进,同时集成了作物生长模型EPIC(erosion-productivity impact calculator),能够反映区域异质性,在流域内连续尺度间模拟复杂农业管理措施下作物生

长过程、土壤侵蚀过程和水文过程。此模型目前广泛应用于最佳管理措施研究（Neitsch et al.，2011；Luo et al.，2017）。模型加入了来自美国农业部经济中心（USDA-ERS）提供的 100 多种耕作方式，通过调整农业耕作方式，模型模拟过程及其水文要素也发生相应的变化（Abbaspour et al.，2012）。同时，该模型与蓝绿水具有很好的对应关系，可以直接输出组成蓝水绿水资源的各分量，因此被认为是一种评估蓝绿水资源量较为有效的水文模型（徐宗学 等，2013；赵安周 等，2016）。

　　基于此，本书以湘江流域为试验区，利用 2000 年的土地利用数据、2000—2018 年的气象数据、数字高程数据、土壤数据、农业管理数据等驱动 SWAT 水文模型，采用情景分析法模拟了水稻免耕（秸秆残余覆盖为 30%）对流域蓝绿水分量的影响过程，进而量化蓝绿水变化并进行空间差异解析，探讨了内在的影响机制和可能的影响。

17.1　材料及方法

17.1.1　研究区概况

　　湘江流域位于 24°～29°N 和 113.5°～114°E 之间，属于长江流域的洞庭湖水系，由南向北注入洞庭湖（图 17.1）。流域面积 9.46×10^4 km²，老埠头水文站以上为上游，老埠头至衡阳水文站之间为中游，衡阳水文站以下为下游（图 17.1）。上游以山地为主，中下游以丘陵和平原为主。该流域属于亚热带季风湿润气候，雨热同期，年降雨量 1458 mm，年平均气温 17.4 ℃，年均蒸发量 1162～1502 mm，全年无霜期 234～268 d，年日照时数 1625～1796 h，年均径流深815 mm。土壤类型主要是水稻土、黄壤和红壤（Zhang et al.，2014）。湘江流域属于长江中下游水稻主产区，也是双季稻种植区，稻田面积占整个流域面积的 20% 左右。该区域以籼稻为

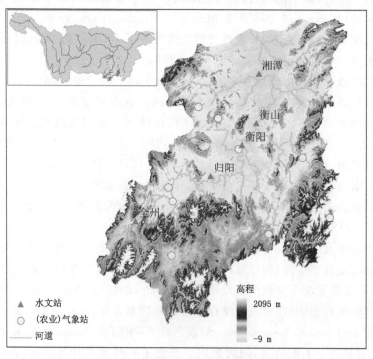

图 17.1　湘江流域位置、海拔以及水文气象站分布

主,早稻 3 月底到 4 月上旬播种,7 月中旬到下旬收割;晚稻在 6 月底到 7 月上旬播种,10 月下旬到 11 月上旬收割。由于人口的不断增加、工业化和城市化的迅速推进以及耕地面积的减少,粮食供需矛盾加剧(毕雪 等,2012;农业农村部,2017)。近几十年来,该流域洪涝和农业面源污染严重,稻田环境恶化(毕雪 等,2012;农业农村部,2017),探索水稻可持续性发展的农业耕作措施是亟待解决的问题。

17.1.2　数据源及处理

SWAT 模型由美国农业部(USDA)的农业研究局(ARS)开发,用于模拟流域水文过程、土壤侵蚀过程、营养物迁移和作物生长过程等。由于其良好的适应性,该模型已经在全球各地获得了广泛的应用,证实模型性能良好(徐宗学 等,2013;臧传富 等,2013;龚珺夫 等,2017)。SWAT 的基本水量平衡方程如下:

$$\Delta SW = P - Q - ET - DP + QR \tag{17.1}$$

式中,ΔSW、P、Q、ET、DP 和 QR 分别为土壤含水量、降水、地表径流、实际蒸散发、深层下渗和浅层回归流。

SWAT 模型需要输入的数据包括空间数据和属性数据。本书使用的空间数据主要包括土地利用图、土壤图、数字高程图(DEM)、流域边界河网矢量图等。属性数据主要包括土地利用属性数据库、土壤属性数据库、气象资料数据库、水稻作物数据库、肥料数据库、灌溉数据库、农业管理措施数据库等。

分辨率 90 m 的 DEM、流域边界河网矢量图、2000 年稻田以及其他土地利用类型(旱地、林地、草地、水体、不渗透表面、未利用土地)空间数据来自中国科学院地理所资源环境科学与数据中心(http://www.resdc.cn/)。8 个气象站点 2000—2018 年日气象数据来自中国气象局(https://data.cma.cn/)。土壤数据利用联合国粮农组织的 1∶100 万世界和谐土壤数据库(HWSD)数据(http://www.fao.org/soils-portal/soil-survey/)。所有空间数据在 ENVI 5.0 软件中利用湘江流域边界完成剪切,然后在 ArcGIS 10.2 中统一为阿尔伯斯等积圆锥投影系统。湘江流域水稻种植日历、施肥量、灌溉量及其相关数据来自 8 个中国气象局农业气象站(图 17.1)、国家农业科学数据中心(http://www.agridata.cn/#/home)。模型率定和验证所需要的月实测径流数据来自长江水利委员会,包括全州、归阳、衡山、衡阳和湘潭 5 个水文站点。SWAT 土壤属性数据库中的大部分参数可通过 HWSD 自带的数据属性库中查询获得。土壤的湿容重、有效含水量和饱和渗透系数三个土壤参数的数值无法直接获取,可通过 SPAW(soil plant atmosphere water)模型中的 soil-water-characteristics(SWCT)模块计算获得。土壤侵蚀因子 K 值通过美国通用方程(USLE)获得(Neitsch et al.,2011)。本书将土壤分成 2 层进行研究,第一层和第二层分别为 300 mm 和 500 mm。最终构建模型驱动所需要的空间数据库和属性数据库(气象数据库、水稻作物数据库、肥料数据库、灌溉数据库、农业管理措施数据库、土壤属性数据库)。

17.1.3　模型构建

本书使用 ArcSWAT2012 版本,模型首先根据输入的 DEM 数据生成河网(reach 图层),然后根据设定的集水区阈值(最小子流域集水面积)生成子流域(watershed 图层)。为了防止生成的河网产生空间偏差,通过加入实际的河网图进行限定。本书选择集水区阈值为 77922 hm²,总共生成 63 个子流域(subbasin)。本书将坡度划分成 3 个等级(0~15%、15%~25% 和 25%~

99%)。模型提供阈值设置功能,小于阈值的土地利用和土壤类型将会被清除,归并到其他土地类型,以减少运算量。本书所有土地利用类型(稻田、旱地、林地、草地、水体、不渗透表面、未利用土地)和土壤类型都参与模型模拟,清除阈值设为 0。模型最终将 63 个子流域划分成 4680 个水文相应单元(HRU)。编辑模型中的水稻作物数据库、肥料数据库、灌溉数据库、农业管理措施数据库以及水稻年内种植安排,然后将建立好的自定义土壤属性数据库和气象数据库导入,SWAT 模型可以进行模拟。当模型验证适用于研究区域后,就可以进行模拟,输出水文、泥沙和污染物等数据,本书只利用水文数据。

17.1.4　模型率定与验证

SWAT 模型参数众多,为了获得影响模型精度的主要参数,控制模型校准和率定的参数数量,提高率定效率,需要对模型进行参数敏感性分析(龚珺夫 等,2017)。本书采用 LH-OAT 方法进行参数敏感性分析。LH-OAT 融合了拉丁超立方抽样法 LH(Latin-Hypercube)和 OAT(One-factor-At-a-Time)分析法的优点(龚珺夫 等,2017),具体操作在 SWAT-CUP 2012 平台中完成。

参数敏感性分析后,在 SWAT-CUP 2012 版中利用 SUFI-2 算法(Abbaspour,2012)进行模型的率定和验证。本书利用 R^2、纳什系数(NS)、百分比偏差($PBIAS$)和均方根误差标准系数(RSR)4 个指标衡量模型模拟效果(Moriasi et al.,2007)。R^2 范围为 0~1,值越大表示模拟效果越好。一般认为,$0.75 < NS < 1.00$,$0.00 < RSR < 0.50$ 且 $PBIAS < \pm 10\%$,表明模拟结果很好;$0.65 < NS < 0.75$,$0.50 < RSR < 0.60$ 且 $\pm 10 < PBIAS < \pm 15$,表明模拟结果好;$0.50 < NS < 0.65$,$0.60 < RSR < 0.70$ 且 $\pm 15 < PBIAS < \pm 25$,模拟结果满足要求(Moriasi et al.,2007)。本书基于 2000—2009 年的月径流数据用于模型率定,2010—2013 年的月径流数据用于模型验证。

$$NS = 1 - \left[\frac{\sum_{i=1}^{n} (Q_i^{obs} - Q_i^{sim})^2}{\sum_{i=1}^{n} (Q_i^{obs} - Q_{obs}^{mean})^2} \right] \tag{17.2}$$

$$PBIAS = \left[\frac{\sum_{i=1}^{n} (Q_i^{obs} - Q_i^{sim})^2 \times 100}{\sum_{i=1}^{n} (Q_i^{obs})} \right] \tag{17.3}$$

$$RSR = \left[\frac{\sqrt{\sum_{i=1}^{n} (Q_i^{obs} - Q_i^{sim})^2}}{\sqrt{\sum_{i=1}^{n} (Q_i^{obs} - Q_{obs}^{mean})^2}} \right] \tag{17.4}$$

$$R^2 = \frac{\sum_{i}^{n} \left[(Q_i^{sim} - Q_{sim}^{mean})(Q_i^{obs} - Q_{obs}^{mean}) \right]^2}{\sum_{i}^{n} \left[(Q_i^{sim} - Q_{sim}^{mean})^2 \sum_{i}^{n} (Q_i^{obs} - Q_{obs}^{mean})^2 \right]} \tag{17.5}$$

式中,NS、$PBIAS$、RSR 和 R^2 分别为纳什系数、百分比偏差、均方根误差标准系数和决定系数;Q_i^{sim} 为模拟值;Q_{sim}^{mean} 为模拟值的算术平均值;Q_i^{obs} 为实测值;Q_{obs}^{mean} 为实测值的算术平均值。

17.1.5　情景分析

获得适用于湘江流域的一整套模型参数后,设置两个情景(M1 和 M2)。M1 情景利用 2000—2018 年的气象数据,2000 年稻田和其他土地利用空间数据以及收集的其他数据(水稻作物参数数据库,施肥数据库,农业管理数据库,灌溉数据库、作物种植日历数据库)。M2 情景在 M1 情景上仅仅将水稻传统耕作更改为水稻免耕,模型其他参数都保持不变(表 17.1)。

因此,水文变化量(M2—M1)就是全部由水稻免耕所引起的。为了减少年际波动,每个水文输出参数取 2000—2018 年的年平均值。

表 17.1 情景设置

情景	耕作方法	气候输入	稻田和土地利用图输入	模型其他输入
M1	传统耕作	2000—2018	2000	其他输入
M2	免耕	同上,不变	同上,不变	同上,不变

17.1.6 数据分析

为了量化水稻免耕对流域蓝绿水的影响,引入绿水系数(GWC)、蓝水系数(BWC)和水文参数变化率指标(GP)(吕乐婷,2014)。它们的计算公式如下:

$$GWC = \frac{G}{B+G} \tag{17.6}$$

$$BWC = \frac{B}{B+G} \tag{17.7}$$

$$GP = \frac{h'_i - h_i}{h_i} \times 100 \tag{17.8}$$

式中,G 和 B 分别为绿水和蓝水数量;h_i 和 h'_i 分别为水稻传统耕作和免耕条件下第 i 个水文要素的变化。绿水包括绿水流和绿水库,绿水流是 SWAT 模型输出的实际蒸散发(ET),而绿水库是土壤含水量。蓝水是模型输出的产水量和深层地下水补给之和。

17.1.7 模型率定与验证结果

本书利用全州、归阳、衡阳、衡山和湘潭水文站 2006—2013 年的月径流观测数据,采用 LH-OAT 方法对 5 个水文站进行敏感性分析。结果显示,尽管各水文站敏感性参数的排名具有差异,但是最敏感的前十个参数基本保持不变。因此,本书选取最敏感的前十个参数进行模型的率定。这些参数的详细信息如表 17.2 所示。

表 17.2 湘江流域排名前十的敏感性参数列表

参数名称	参数定义	调参方法	参数范围
CN2	SCS 径流曲线数	R	−0.5~0.5
CH_K2	主河道水利传导系数	V	0~100
ALPHA_BF	基流消退系数	V	0.1~0.9
SURLAG	地表径流滞后系数	V	0~3.15
CH_N2	主河道曼宁系数	V	0~0.3
ESCO	土壤蒸发补偿系数	V	0.1~0.8
SOL_AWC	表层土壤有效含水率	R	−0.5~0.5
CANMX	冠层的最大截留量	V	3~7.55
SOL_K	饱和渗透系数	R	10~20
GW_DELAY	地下水延迟系数	V	0~500

注:R 表示模型参数初始值乘以(1+率定值),V 表示用率定值替换初始值。

本书利用全州、归阳、衡阳、衡山和湘潭水文站的月径流观测数据对模型进行率定。校准期(2006—2011年)5个水文站点的R^2都在0.93以上,NS系数在0.92以上;RSR值和$PBIAS$值的范围分别为[-5.90,0.01]和[-6.24,0.82](表17.3)。验证期(2012—2013年),所有水文站R^2都大于0.91,NS系数都大于0.86;RSR值和$PBIAS$值的范围分别为[0.02,0.35]和[-10.67,0.59](表17.3)。从各水文站月径流观测值和模拟值的对比图可以看出(图17.2),模型对汛期洪水峰值的模拟值稍微偏高。这可能是因为湘江流域气象站点相对较少且在空间上分布不太均匀所导致。但根据以往的标准(Moriasi et al.,2007),我们所构建的湘江流域SWAT模型的性能很好。这主要因为湘江流域属于湿润地区,产流以蓄满产流为主,适用SWAT模型的SCS曲线算法。同时,水库模块不够完善,是导致很多流域应用精度较低的重要原因。而湘江流域缺乏有规模的水库和大坝,从而减少了对水文过程的干扰,进而提高了模型模拟精度。

表17.3　模型率定与验证结果

水文站点	校准期(2006—2011年)				验证期(2012—2013年)			
	R^2	NS	RSR	$PBIAS$	R^2	NS	RSR	$PBIAS$
全州	0.99	0.98	0.01	-6.24	0.99	0.99	0.02	-10.67
归阳	0.97	0.99	0.08	0.82	0.92	0.97	0.16	0.59
衡阳	0.94	0.93	-5.90	0.27	0.93	0.87	0.35	-10.40
衡山	0.98	0.97	0.17	-1.91	0.95	0.95	0.23	-3.23
湘潭	0.96	0.93	0.27	-5.44	0.96	0.90	0.31	-8.59

17.2　免耕引起的蓝水变化

研究结果显示,湘江流域水稻传统耕作下的年蓝水数量为894.38亿m^3,蓝水系数为62.76%。而水稻免耕措施下对应的蓝水数量为891.19亿m^3,蓝水系数为62.69%。水稻免耕导致湘江流域年蓝水数量减少了3.19亿m^3(-0.713%),蓝水系数减少了0.06%,这表明蓝水在总水量中的比例下降。蓝水由产水量和深层地下水补给组成,而水稻免耕导致的蓝水数量减少主要归因于产水量的变化。研究表明,水稻免耕导致湘江流域产水量减少了2.42亿m^3,对蓝水减少的贡献率为72.46%;而深层地下水补给量对蓝水的减少只贡献了27.54%。和传统耕作相比,水稻免耕对深层地下水补给量的影响率更大,导致了5.62%的下降,比产水量的高5.35%。

在流域区段上,水稻免耕对蓝水各指标影响最大的是下游,其次是中游和上游(表17.4)。下游区域水稻免耕引起24.624×10^7 m^3蓝水流的减少(变化率-0.715%),占整个流域蓝水变化的77.15%;从而导致下游区域的蓝水系数下降了0.459%,这意味着水稻免耕使得下游区段蓝水在总水量中的比例下降,转为了绿水(表17.4)。而下游区段的这种变化主要归因于产水量的变化,水稻免耕引起下游区段产水量下降了19.882×10^7 m^3,贡献了该区段蓝水下降的80.74%((-19.882×10^7 m^3)/(24.624×10^7 m^3)$\times$100%)(表17.4)。和产水量相比,水稻免耕对深层地下水补给量影响的数量要小得多。这主要是因为湘江流域属于亚热带湿润性气

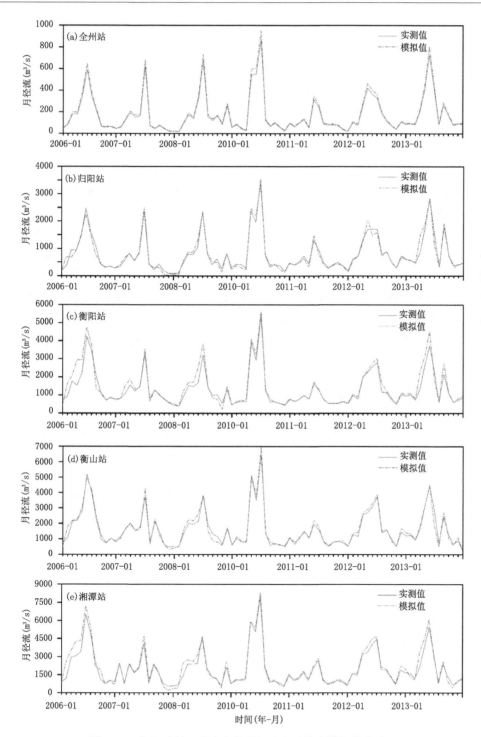

图 17.2　湘江流域 5 个水文站月径流实测值和模拟值的对比

候,河流的主要补给形式是降雨,而不是地下水。然而,水稻免耕对深层地下水补给变化的影响幅度要比产水量大得多,变化率比产水量的高 5.052%(表 17.4)。水稻免耕对下游蓝水各参数影响最大的原因主要是该区段地形平坦(属于洞庭湖平原),水田面积要比中游和上游大得多。

表 17.4　水稻免耕对湘江流域上中下游年蓝水的影响

流域区段	蓝水数量变化(m³)	蓝水系数变化(%)	蓝水变化率(%)	产水量数量变化(m³)	产水量变化率(%)	深层地下水补给量变化(m³)	深层地下水补给变化率(%)
上游	-2.302×10^7	-0.070	-0.108	-1.273×10^7	-0.061	-1.029×10^7	-3.545
中游	-4.989×10^7	-0.103	-0.173	-2.156×10^7	-0.076	-2.833×10^7	-5.128
下游	-24.624×10^7	-0.459	-0.715	-19.882×10^7	-0.589	-4.742×10^7	-6.793

免耕对蓝水的影响在流域范围内存在较大的空间差异。水稻免耕导致湘江流域大部分地区的蓝水系数下降,但也有少部分区域增加(图 17.3a)。蓝水系数下降的区域都集中在流域的上游和中游(图 17.3a),这表明在流域上游和中游的一部分区域,水稻免耕使得蓝水占总水量的比例增加。而蓝水变化率在整个流域上也是有增有减,但蓝水增加的区域很小,仅仅为上游区域的一个子流域,其他区域都是减少(图 17.3b)。深层地下水补给的变化和其他参数相比,空间差异更大:绝大部分区域表现为减少,很小一部分地区表现为增加,增加的区域主要位于山区(图 17.3d)。作为蓝水组成之一的产水量在空间上的变化趋势和蓝水系数以及蓝水变化率很相似(图 17.3c)。这主要是因为在蓝水的构成中,产水量所占比例高,而深层地下水补给所占比例小,因此,蓝水系数以及蓝水变化率的空间变化格局很大程度上取决于产水量的变化格局。

17.3　免耕引起的绿水变化

绿水是绿水流和绿水库之和。研究结果显示,水稻免耕引起湘江流域绿水增加了 $6.083\times10^7\ \mathrm{m}^3$,相对传统耕作的增加幅度是 0.115%。在总水量(蓝水+绿水)的结构中,绿水所占比例上升了 0.06%。这主要归因于绿水库(土壤含水量)水量的增加,水稻免耕引起绿水库水量增加了 $14.543\times10^7\ \mathrm{m}^3$,上升幅度为 0.254%。尽管绿水流(实际蒸散发,ET)减少 $8.460\times10^7\ \mathrm{m}^3$,但是绿水库的增加抵消了绿水流的减少,最终导致绿水总量还是增加的。

在流域区段上,水稻免耕对中游绿水的影响最大,达到 0.147%,其次是上游(0.12%)和下游(0.082%)(表 17.5)。但是对于绿水在总水量分配影响最大的是下游,水稻免耕引起下游区段的绿水系数增加了 0.459%,其次是中游(0.103%)和上游(0.07%)(表 17.5)。而提高不同区段绿水在总水量分配中比例的主要是绿水库,而不是绿水流。因为从表 17.5 中看出,绿水系数的变化和绿水库的变化趋势(包括绿水库数量和变化率变化)是一致的。

空间上,水稻免耕在整个湘江流域上引起了绿水的减少,但是减少的幅度存在空间差异,范围为[-0.15%,0](图 17.4b)。这种空间格局是绿水流和绿水库在空间上相互作用的结果。水稻免耕导致整个流域绿水库的增加,增加范围为[0.05%,0.76%](图 17.4c)。从图 17.4c、d 可以看出,在对应区域绿水库的增加幅度要高于绿水流的减少幅度,从而导致整个流域绿水库的增加幅度高于绿水流的减小幅度。绿水系数在流域内的空间差异相对更大,在大部分区域上表现为增加趋势,但也有少部分区域下降(图 17.4a)。

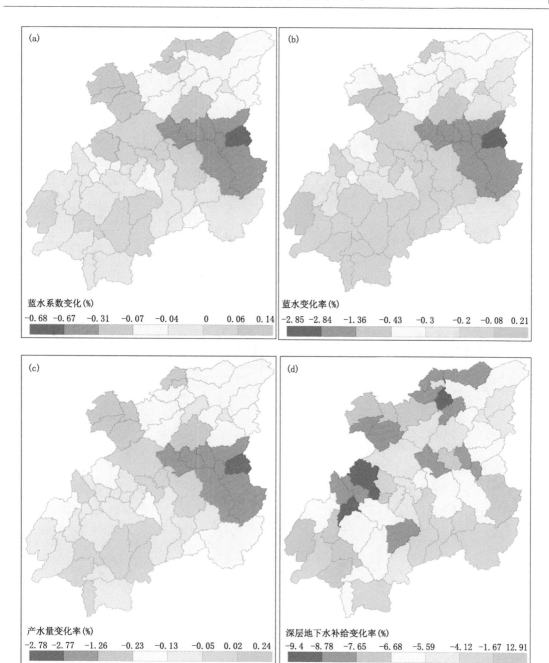

图 17.3　水稻免耕对蓝水及其构成要素的影响

表 17.5　水稻免耕对湘江流域上中下游年绿水的影响

流域区段	绿水量变化（m³）	绿水系数变化（%）	绿水变化率（%）	绿水变化率（%）	绿水流数量变化（m³）	绿水流变化率（%）	绿水库变化（m³）	绿水库变化率（%）
上游	$-1.409×10^7$	0.070	0.120	-0.120	$-2.010×10^7$	-0.211	$3.419×10^7$	0.261
中游	$-2.749×10^7$	0.103	0.147	-0.147	$-3.605×10^7$	-0.233	$6.354×10^7$	0.269
下游	$-1.925×10^7$	0.459	0.082	-0.082	$-2.845×10^7$	-0.150	$4.770×10^7$	0.273

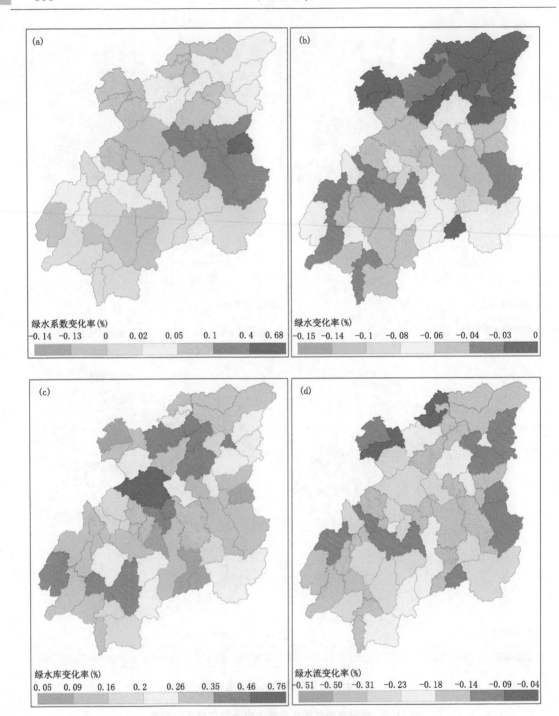

图 17.4　水稻免耕对绿水及其构成要素的影响

17.4　影响机制与干扰管理

本书表明水稻免耕引起流域绿水增加,而年均增加了 6.083×10^7 m³(0.115%)。绿水由实际蒸散发(绿水流)和土壤含水量(绿水库)组成,尽管免耕导致蒸发量下降,但是绿水的增加主要归因于土壤含水量的增加,它减少幅度是绿水总量的 2.39 倍((14.543×10^7 m^3)/(6.083×10^7 m^3))。秸秆覆盖的免耕能有效改善土壤结构,增大耕层土壤孔隙,增强持水能力,从而大幅度增加土壤含水量。和传统耕作相比,水稻免耕一方面增加了稻田表面的粗糙度,另一方面秸秆覆盖减少了土壤裸露,田间颗间无效蒸发减少(Chen et al. ,2010;Mitchell et al. ,2012;Peng et al. ,2020)。同时,秸秆覆盖可以抑制表层土壤水分蒸发(Alvarez et al. ,2009;Chen et al. ,2010;邹浩,2018)。但在湘江流域,相对实际蒸散发的减少量,水稻免耕引起土壤含水量的增加量(14.543×10^7 m^3)大得多,最终被抵消,使得绿水表现出增加趋势。

　　研究表明,水稻免耕引起流域蓝水减少,年均减少了 3.19 亿 m^3(-0.713%)。蓝水由产水量和深层地下水补给组成。研究表明,水稻免耕引起的湘江流域蓝水的下降主要归因于产水量的减少,它下降了 2.42 亿 m^3,对蓝水减少的贡献为 72.46%。产水量是水文单元的一个最终输出,是研究区各种水文要素相互作用的最终结果,因此是衡量水文单元(流域、子流域或者水文响应单元)的综合指标。SWAT 模型产水量(WYLD)的计算公式是 WYLD=SURQ+LATQ+GWQ-LOSS(SURQ、LATQ、GWQ 和 LOSS 分别表示地表产流量、壤中流、浅层地下水补给和河道传输损失)。与传统耕作比较,免耕增加地表粗糙度,延迟降雨产流时间,缩短产流延续时间;与此同时,免耕处理的土壤渗透性较好,降水的储蓄量大,从而导致地表产流降低(湖南省人民政府,2009;Gergely et al. ,2017;Xiao et al. ,2020)。相对传统耕作,土壤含水量增加,稻田所涵养的水量增加,进而导致土壤补给河道的水量(LATQ)减少(Wang J et al. ,2015;Xiao et al. ,2020)。研究结果显示,水稻免耕引起湘江流域的 SURQ、LATQ 和 GWQ 分别下降了 8.22%、9.02% 和 9.41%,而 LOSS 在两种耕作模式下保持不变,从而导致产水量的下降。

　　通过研究也发现,水稻免耕对蓝绿水的分配结构产生了影响,导致蓝水在总水量中的比例下降,而绿水所占比例上升。在湘江流域,水稻免耕导致蓝水在总水量中的分配比例下降了 0.06%,而绿水上升了 0.06%。水稻免耕改变蓝绿水的分配结构主要通过影响产水量和土壤含水量(绿水库)而实现。产水量主要影响蓝水的比例,而土壤含水量主要影响绿水的比例。

　　研究表明,水稻免耕对蓝绿水的影响在流域范围内存在着空间异质性。流域内各区域的环境具有相似性,但是不同区域的地形、土壤、微气候等水文环境和农业环境仍然存在空间差异(Luo et al. ,2016b;Luo et al. ,2017)。例如,在湘江流域,稻田主要分布在上游的山地水田、中游的丘陵水田和下游的平原水田,且下游的平原水田面积最大。水文系统是一个具有非线性、不确定性以及复杂性的动态平衡系统(Agee,1996;Wei et al. ,2011),而这种环境的空间异质性将会引起水稻对蓝绿水产生影响,从而在流域范围内产生空间差异。

　　水稻免耕对湘江流域蓝绿水的影响整体上是积极的。水稻免耕增加了绿水所占的比例,增加了绿水库。绿水能够被植物吸收利用,支撑了陆地生态系统的绿色植物的生长,绿水的增加提高了生态用水,有利于生态系统健康可持续发展。而绿水库的增加提高了稻田的水源涵养能力,加之蓝水的减少,在一定程度上能够缓解湘江流域频繁的洪涝灾害。湘江流域中下游相对高差小,受地形限制无条件修建控制性的防洪水库;而支流的集水面积下,且不同支流洪水发生时期不一样,因此支流兴建防洪水库对整个流域的防洪没有很大作用(湖南省人民政府,2009)。流域内以防洪为目标的水库很少,流域内的防洪主要依靠堤防,防洪形势很严峻(湖南省人民政府,2009)。研究表明,水稻免耕对该流域的防洪应该具有积极作用。

　　水稻免耕对蓝绿水影响总体是积极的,这表明水稻免耕推广的价值。而这种影响的异质性要求在水稻免耕技术的推广过程中,需要因地制宜,不能完全照搬流域其他区域。

17.5　本章小结

本书以湘江流域为试验区,利用 SWAT 水文模型模拟了水稻免耕对流域蓝绿水的影响,获得以下结论。

(1)湘江流域水稻传统耕作下的年蓝水(产水量和深层地下水补给量)数量为 894.38×10^8 m³,蓝水系数为 62.76%。和传统耕作相比,水稻免耕对深层地下水补给量的影响率更大,导致 5.62%的下降,比产水量高 5.35%。然而,流域蓝水的减少主要归因于产水量的减少,水稻免耕导致产水量减少 2.42×10^8 m³(贡献率为 72.46%)。在流域区段上,水稻免耕对蓝水各指标影响最大的是下游,占整个流域蓝水变化的 77.15%。水稻免耕引起流域绿水流(实际蒸散发)减少 8.460×10^7 m³,但绿水库(土壤含水量)的增加(14.543×10^7 m³)抵消绿水流的减少量后最终使得绿水增加[*]。

(2)水稻免耕改变蓝绿水的分配结构主要是通过改变产水量和实际蒸散发(绿水量)实现的。产水量主要影响蓝水的变化,而实际蒸散发主要影响绿水的变化。由于在流域范围内各水文要素的相互抵消作用,水稻免耕对整个流域蓝绿水的影响并不大,但流域范围内的空间差异较大。同时,水稻免耕提高了绿水在水资源总量中的比例,农田生态系统用于生态耗水的数量增加,因此具有积极作用。

---

[*] 罗开盛,2021.水稻免耕对流域蓝绿水的影响[J].人民珠江,已接收.

参考文献

毕雪，王晓媛，2012.基于输出系数模型的洞庭湖流域面源污染分析[J].人民长江，43(11)：74-77.

蔡昉，林毅夫，张晓山，等，2018.改革开放40年与中国经济发展[J].经济学动态(8)：1-17.

蔡运龙，2001.土地利用/土地覆被变化研究：寻求新的综合途径[J].地理研究，20(6)：645-652.

曹茜，于德永，孙云，等，2015.土地利用/覆盖变化与气候变化定量关系研究进展[J].自然资源学报，30(5)：880-890.

曹建廷，秦大河，罗勇，等，2007.长江源区1956—2000年径流量变化分析[J].水科学进展，18(1)：29-33.

程国栋，2009.黑河流域水－生态－经济系统综合管理研究[M].北京：科学出版社：1-300.

程国栋，2003.虚拟水——中国水资源安全战略的新思路[J].中国科学院院刊，18(4)：260-265.

程雷星，巩芳霞，2012.地理环境影响战争之案例总结[J].黑龙江科技信息，51(33)：25.

常舰，2017.基于SWAT模型的最佳管理措施(BMPs)应用研究——以西苕溪流域为例[D].杭州：浙江大学.

陈爱莲，朱博勤，陈利顶，等，2010.双台河口湿地景观及生态干扰度的动态变化[J].应用生态学报，21(5)：1120-1128.

陈浮，2000.快速城市化地区景观格局动态演变、机理及调控研究[D].南京：南京大学.

陈浮，葛小平，陈刚，等，2001.城市边缘区景观变化与人为影响的空间分异研究[J].地理科学，21(3)：210-216.

陈玥，2010.基于灰色系统理论和云模型的反精确洪水灾害分析[D].武汉：华中科技大学.

陈晓宏，王兆礼，2010.东江流域土地利用变化对水资源的影响[J].北京师范大学学报(自然科学版)，46(3)：311-316.

崔永琴，马剑英，刘小宁，等，2011.人类活动对土壤有机碳库的影响研究进展[J].中国沙漠，31(2)：407-414.

大卫·哈维，2011.地理学中的解释[M].北京：商务印书馆：1-200.

戴明龙，2017.长江上游巨型水库群运行对流域水文情势影响研究[D].武汉：华中科技大学.

邓慧平，李秀彬，陈军锋，等，2003.流域土地覆被变化水文效应的模拟——以长江上游源头区梭磨河为例[J].地理学报，58(1)：53-62.

邓聚龙，1991.灰色系统理论与实践[M].聊城：灰色系统理论与实践编辑部：1-100.

丁婧祎，赵文武，房学宁，2015.社会水文学研究进展[J].应用生态学报，26(4)：1055-1063.

傅伯杰，张立伟，2014.土地利用变化与生态系统服务：概念，方法与进展[J].地理科学进展，33(4)：441-446.

甘红，刘彦随，李宪文，2003.区域土地利用变化与水资源利用相关分析[J].南京师大学报(自然科学版)，26(3)：82-88.

龚珺夫，李占斌，李鹏，等，2017.基于SWAT模型的延河流域径流侵蚀能量空间分布[J].农业工程学报，33(13)：128-134.

海伍德，2011.政治学导论[M].北京：中国人民大学出版社：1-400.

韩松俊，刘群昌，杨书君，等，2009.黑河流域上中下游潜在蒸散发变化及其影响因素的差异[J].武汉大学学报(工学版)，42(6)：734-737.

杭玉浩，王强盛，许国春，等，2017.稻田土壤养分特性对不同耕作方式的生态响应[J].中国农学通报，33(10)：106-112.

贺缠生，田杰，张宝庆，等，2021.土壤水文属性及其对水文过程影响研究的进展、挑战与机遇[J].中国沙漠，36(2)：113-124.

贺志鹏，刘东朴，岳英洁，2011.现代战争对自然环境的影响及思考[J].中国人口资源与环境，21(增刊1)：587-590.

胡海波，王汉杰，鲁小珍，等，2001.中国干旱半干旱地区防护林气候效应的分析[J].南京林业大学学报(自然科学版)，25(3)：77-82.

胡焕庸，1935.中国人口之分布：附统计图与密度图[J].地理学报，2：33-74.

湖南省人民政府，2009.湖南省湘江流域生态环境综合治理规划[EB/OL].2009-12-01.http://www.hunan.gov.cn/.

湖南省统计局，2011.湖南统计年鉴(2010)[M].北京：中国统计出版社：46-54.

胡志斌，何兴元，李月辉，等，2007.岷江上游地区人类活动强度及其特征[J].生态学杂志，26(4)：539-543.

黄秉维，郑度，赵名茶，等，1999.现代自然地理[M].北京：科学出版社：1-366.

黄斌斌，郝成元，李若男，等，2018.气候变化及人类活动对地表径流改变的贡献率及其量化方法研究进展[J].自然资源学报，33(5)：899-910.

黄河仙，罗岳平，殷芙蓉，等，2015.湖南省生态系统格局变化驱动力分析[J].湖南科技大学学报(自然科学版)，30(2)：60-67.

黄克明，1998.灰色系统的拓扑预测方法在水文中长期预报中的应用[J].数学杂志，18(增刊1)：98-102.

黄敏婷，谭永滨，唐瑶，等，2019.环鄱阳湖城市群地区人类活动强度时空变化分析[J].江西科学，37(6)：894-899,925.

姜乃力，1999.城市化对大气环境的负面影响及其对策[J].辽宁城乡环境科技，19(2)：63-66.

卡列斯尼克 C B，1960.普通自然地理简明教程[M].北京：商务印书馆：1-247.

Kang-tsung Chang，张康聪，陈健飞，2009.地理信息系统导论(第3版)[M].北京：清华大学出版社：1-20.

李博，2000.生态学[M].北京：高等教育出版社：197-399.

李德仁，2018.夜光遥感技术在人道主义灾难评估中的应用[J].自然杂志，40(3)：169-176.

李德仁，李熙，2015.论夜光遥感数据挖掘[J].测绘学报，44(6)：591-601.

李继红，2007.自然地理学导论[M].哈尔滨：东北林业大学出版社：1-211.

李晋臣，2014.民生与家计：战国秦汉时期水利与社会[D].南昌：江西师范大学.

李士成，张学珍，2018.基于土地利用的长江经济带1970年代末至2015年人类活动强度数据集[J].中国科学数据，3：2019-01-16.

李君文，袭著革，晁福寰，1999.科索沃战争对环境的破坏及对我军军事预防医学研究的启示[J].解放军预防医学杂志，17(6)：395-398.

李文璇，2008.人类活动对地质地貌环境的影响及其效应反馈[J].太原城市职业技术学院学报，89(12)：132-133.

李小文，2008.遥感原理与应用[M].北京：科学出版社：1-261.

李小云，杨宇，刘毅，2016.中国人地关系演进及其资源环境基础研究进展[J].地理学报，71(12)：5-26.

李学全，李松仁，韩旭里，1996.灰色系统理论研究(I)：灰色关联度[J].系统工程理论与实践，10(11)：91-95.

李延峰，宋秀贤，吴在兴，等，2015.人类活动对海洋生态系统影响的空间量化评价——以莱州湾海域为例[J].海洋与湖沼，46(1)：133-139.

李雨潼，王咏，2004.唐朝至清朝东北地区人口迁移[J].人口学刊，12(2)：56-60.

林丙义，1996.中国通史[M].北京：高等教育出版社：1-760.

凌虹，吴仁海，施小华，1999.现代战争对生态环境的影响[J].生态科学，18(3)：33-39.

林惠清，2005.人文尺度中人类活动对生态系统的影响[J].渝西学院学报(自然科学版)，4(3)：61-63.

林玉莲,胡正凡,2000.环境心理学[M].北京:中国建筑工业出版社:50-334.

刘采,张海燕,李迁,2020.1980—2018年海南省人类活动强度时空变化特征及其驱动机制[J].地理科学进展,39(4):567-576.

刘昌明,李云成,2006."绿水"与节水:中国水资源内涵问题讨论[J].科学对社会的影响(1):16-16.

刘南威,杨士弘,刘洪杰,等,2007.自然地理学(第2版)[M].北京:科学出版社:1-652.

刘蕾,闻明晶,李冉,2016.社会心理学导论(第1版)[M].长春:吉林人民出版社:1-305.

刘施含,曹银贵,贾颜卉,等,2019.城市热岛效应研究进展[J].安徽农学通报,25(23):117-121.

刘世梁,刘芦萌,武雪,等,2018.区域生态效应研究中人类活动强度定量化评价[J].生态学报,38(19):14-26.

柳又春,1973.人类活动对气候的影响[J].气象科技(3):36-41.

鲁仕宝,黄强,马凯,等,2010.虚拟水理论及其在粮食安全中的应用[J].农业工程学报,26(5):59-64.

陆志翔,Wei Y,冯起,等,2016.社会水文学研究进展[J].水科学进展,27(5):772-783.

罗宾斯,2012.管理学[M].北京:中国人民大学出版社:1-248.

罗开盛,李仁东,2013a.基于HJ影像的面向对象土地覆被分类方法[J].华中师范大学学报(自然科学版),47(4):565-570.

罗开盛,李仁东,常变蓉,等,2013b.面向对象的湖北省土地覆被变化遥感快速监测[J].农业工程学报,29(24):260-267.

罗开盛,陶福禄,2018a.基于SWAT的西北干旱区县域水文模拟—以临泽县为例[J].生态学报,38(23):8593-8603.

罗开盛,陶福禄,2018b.黑河流域1995—2014年县域水资源压力评价[J].中国科学院研究生院学报,35(2):172-179.

吕乐婷,2014.东江流域气候变化及人类活动对水文水资源的影响[D].北京:北京师范大学.

迈克尔·休斯,卡罗琳·克雷勒,2011.社会学导论[M].上海:上海社会科学院出版社:1-492.

孟现勇,吉晓楠,刘志辉,等,2014.SWAT模型融雪模块的改进与应用研究[J].自然资源学报,29(3):528-539.

Mikhail A,梁宝勇,1984.应激——一个心理生理学概念[J].心理学动态(1):38-44.

聂邦胜,张志刚,张磊,2009.战争对环境影响研究的必要性探讨[J].环境科学导刊,28(增刊1):107-109.

牛文元,2012.可持续发展理论的内涵认知—纪念联合国里约环发大会20周年[J].中国人口资源与环境,22(5):9-14.

农业农村部,2017.重点流域农业面源污染综合治理示范工程建设规划(2016—2020)[EB/OL].2017-04-20. http://www.moa.gov.cn/nybgb/2017/dsiqi/201712/t20171230_6133444.htm.

戚伟,刘盛和,赵美风,2015."胡焕庸线"的稳定性及其两侧人口集疏模式差异[J].地理学报,70(4):551-566.

秦大庸,陆垂裕,刘家宏,等,2014.流域"自然—社会"二元水循环理论框架[J].科学通报,59(增刊1):419-427.

全石琳,1988.综合自然地理学导论[M].开封:河南大学出版社:1-259.

渠长根,2005.1938年花园口决堤的决策过程述评[J].江海学刊(3):156-160.

芮孝芳,2013.水文学原理(第1版)[M].北京:高等教育出版社:1-303.

桑燕鸿,吴仁海,曾添文,2002.环境补偿制度——解决环境问题的经济手段之一[J].重庆环境科学,24(3):4-6.

萨缪尔森·保罗,诺德豪斯·威廉,2008.经济学(第17版)[M].北京:人民邮电出版社:1-688.

商宇楠,2013.中国古代经济重心转移及其影响分析[J].经济视角,31(3):48-49.

邵全琴,樊江文,刘纪远,等,2016.三江源生态保护和建设一期工程生态成效评估[J].地理学报,71(1):3-20.

施法中,2013.计算机辅助几何设计与非均匀有理 B 样条(修订版)[M].北京:高等教育出版社:217-248.

史军,梁萍,万齐林,等,2011.城市气候效应研究进展[J].热带气象学报,27(6):942-951.

史培军,袁艺,陈晋,2001.深圳市土地利用变化对流域径流的影响[J].生态学报,21(7):1041-1049.

Stavrianos L S,吴象婴,梁赤民,等,2006.全球通史:从史前史到 21 世纪(第 7 版修订版)[M].北京:北京大学出版社:1-833.

孙时进,1997.社会心理学导论[M].上海:复旦大学出版社:1-407.

孙永光,赵冬至,高阳,等,2014.海岸带人类活动强度遥感定量评估方法研究——以广西北海为例[J].海洋环境科学,33(3):407-411.

孙永光,赵冬至,吴涛,等,2012.河口湿地人为干扰度时空动态及景观响应——以大洋河口为例[J].生态学报,32(12):3645-3655.

汤国安,杨昕,2012.ArcGIS 地理信息系统空间分析实验教程[M]北京:科学出版社:1-200.

汤放华,陈立立,2011.1990 年代以来长株潭城市群区域差异的演化过程[J].地理研究,30(1):94-102.

田明华,高秋杰,刘诚,2012.中国主要木质林产品虚拟水测算和虚拟水贸易研究[M].北京:北京林业大学出版社:1-169.

王保盛,陈华香,董政,等,2019.2030 年闽三角城市群土地利用变化对生态系统水源涵养服务的影响[J].生态学报,40(2):484-498.

王浩,王建华,秦大庸,2004.流域水资源合理配置的研究进展与发展方向[J].水科学进展,15(1):123-128.

王浩,王建华,秦大庸,等,2006.基于二元水循环模式的水资源评价理论方法[J].水利学报,37(12):1496-1502.

王辉,项祖伟,陈晖,2006.长江上游大型水利工程对三峡枯水径流影响分析[J].人民长江,37(12):21-23.

王钧,蒙吉军,2008.黑河流域近 60 年来径流量变化及影响因素[J].地理科学,28(1):83-88.

王磊,李德仁,陈锐志,等,2020.低轨卫星导航增强技术——机遇与挑战[J].中国工程科学,22(2):144-152.

汪恕诚,2000.水权和水市场——谈实现水资源优化配置的经济手段[J].中国水利(11):7-10.

王涛,李诗媛,2017.海口与内河:鸦片战争期间清廷的水文调查及影响[J].历史教学:高校版(8):43-49.

王婷,毛德华,2020.中国主要粮食作物虚拟水——虚拟耕地复合系统利用评价及耦合协调分析[J].水资源与水工程学报,31(4):43-52,59.

汪志国,2013.抗战时期花园口决堤对皖北黄泛区生态环境的影响[J].安徽史学(3):109-114.

魏建兵,肖笃宁,解伏菊,2006.人类活动对生态环境的影响评价与调控原则[J].地理科学进展,25(2):36-45.

尉永平,2017.社会水文学理论、方法与应用[M].北京:科学出版社:1-361.

文英,1998.人类活动强度定量评价方法的初步探讨[J].科学与社会(4):56-61.

邬建国,2000.景观生态学——概念与理论[J].生态学杂志,19(1):42-52.

邬建国,2007.景观生态学:格局,过程,尺度与等级(第 2 版)[M].北京:高等教育出版社:1-260.

伍麟,郭金山,2002.国外环境心理学研究的新进展[J].心理科学进展,10(4):466-471

吴险峰,刘昌明,2002.流域水文模型研究的若干进展[J].地理科学进展,21(4):341-348.

无名,1985.清·高宗实录[M].北京:中华书局.

吴普特,2020.实体水—虚拟水统筹管理保障国家粮食安全[J].灌溉排水学报,39:1-6.

吴燕,王效科,逯非,2011.北京市居民食物消耗生态足迹和水足迹[J].资源科学,33:1145-1152.

夏军,1993.中长期径流预报的一种灰关联模式识别与预测方法[J].水科学进展,3:190-197.

夏军,丰华丽,谈戈,等,2003.生态水文学——概念,框架和体系[J].灌溉排水学报,22:4-10.

夏军,叶守泽,1995.灰色系统方法在洪水径流预测中的应用研究与展望[J].水电能源科学,3:197-205.

夏军,张翔,韦芳良,等,2018.流域水系统理论及其在我国的实践[J].南水北调与水利科技,16:1-7.

徐建华,艾南山,1989.浅析地貌演化过程的人类活动[J].干旱区地理,12:34-38.

徐杰舜,2017.加强非物质文化遗产保护,建设文化生态保护区——读《少数民族非物质文化遗产保护探究》[J].遗产与保护研究,2(2):64-66.

徐小任,徐勇,2017.黄土高原地区人类活动强度时空变化分析[J].地理研究,36(4):661-672.

徐勇,孙晓一,汤青,2015.陆地表层人类活动强度:概念,方法及应用[J].地理学报,70(7):1068-1079.

徐宗学,2020.水文模型(第1版)[M].北京:科学出版社:1-300.

徐宗学,李景玉,2010.水文科学研究进展的回顾与展望[J].水科学进展,21(4):450-459.

徐宗学,左德鹏,2013.拓宽思路,科学评价水资源量——以渭河流域蓝水绿水资源量评价为例[J].南水北调与水利科技,11(1):26-30,63.

严茂超,HTOdum,1998.西藏生态经济系统的能值分析与可持续发展研究[J].自然资源学报,13(2):20-29.

杨雪,何玉成,刘成,2021.水资源安全视角下我国粮油虚拟水贸易实证研究[J].中国农业资源与区划,42(1):41-45.

叶笃正,符淙斌,季劲钧,等,2001.有序人类活动与生存环境[J].地球科学进展(4):453-460.

叶奕乾,何存道,梁宁建,2004.普通心理学(修订2版)[M].上海:华东师范大学出版社:1-400.

由佳,张怀清,陈永富,等,2018.基于GF-4号卫星影像东洞庭湖湿地植被类型监测能力比较研究[J].安徽农业科学,46(3):158-162,174.

余柏蒗,王丛笑,宫文康,等,2021.夜间灯光遥感与城市问题研究:数据、方法、应用和展望[J].遥感学报,25(1):342-364.

袁城,蔡莉,2009.清朝的人口迁移及其社会经济影响[J].满族研究(3):36-40.

约翰·M,伊万切维奇,2016.人力资源管理(第3版)[M].北京:机械工业出版社:1-468.

於方,张志宏,孙倩,等,2020.生态环境损害鉴定评估技术方法体系的构建[J].环境保护,48(24):16-21.

曾辉,郭庆华,喻红,1999.东莞市风岗镇景观人工改造活动的空间分析[J].生态学报,19(3):298-303.

臧传富,刘俊国,2013.黑河流域蓝绿水在典型年份的时空差异特征[J].北京林业大学学报,35(3):1-10.

张鉴,1861.雷塘庵主弟子记(清咸丰,1851—1861)[M].北京:伏生草堂:1-100.

张磊,吴炳方,李晓松,等,2014.基于碳收支的中国土地覆被分类系统[J].生态学报,34(24):7158-7166.

张天如,1763.永顺府志[M].北京:伏生草堂:1-300.

赵安周,赵玉玲,刘宪锋,等,2016.气候变化和人类活动对渭河流域蓝水绿水影响研究[J].地理科学,36(4):571-579.

赵亮,刘宇,罗勇,等,2019.黄土高原近40年人类活动强度时空格局演变[J].水土保持研究,26(4):306-313.

赵士洞,王礼茂,1996.可持续发展的概念和内涵[J].自然资源学报,11(3):288-292.

赵英时,2003.遥感应用分析原理与方法(第2版)[M].北京:科学出版社:50-400.

赵霞,郝振纯,2017.土地利用变化对盘古河流域径流的影响[J].水土保持通报,37(1):83-87.

郑航,王忠静,赵建世,2019.水权分配、管理及交易:理论、技术与实务[M].北京:中国水利水电出版社:1-200.

郑杭生,2009.社会学概论新修[M].北京:中国人民大学出版社:1-450.

郑华,欧阳志云,赵同谦,等,2003.人类活动对生态系统服务功能的影响[J].自然资源学报,18(1):118-126.

周道玮,钟秀丽,1996.干扰生态理论的基本概念和扰动生态学理论框架[J].东北师大学报:自然科学版(1):90-96.

朱东国,熊鹏,方世敏,2017.旅游生态安全约束下张家界市土地利用优化[J].生态学报,38(16):1-10.

邹浩，2018. 湘江流域径流对气候变化与人类活动的响应[D]. 长沙：长沙理工大学.

ABBASPOUR K C, 2012. SWAT-CUP 2012：SWAT calibration and uncertainty programs-A user manual [M]. Texas：Texas Water Resources Institute：1-100.

AGEE J K, 1996. Fire ecology of Pacific northwest forests. The bark beetles, fuels, and fire bibliography[M]. Washington：Island Press：1-200.

ALAOUI A, WILLIMANN E, JASPER K, et al, 2014. Modelling the effects of land use and climate changes on hydrology in the Ursern Valley, Switzerland[J]. Hydrological Processes, 28(10)：3602-3614.

ALCAMO J, BONN G, GRASSL H, et al, 2005. The global water system project：Science framework and implementation activities[J]. Environmental Policy Collection, 19(2)：62-69.

ALLAN J A, 1998. Virtual water：A strategic resource global solutions to regional deficits[J]. Groundwater, 36(4)：545-555.

ALLAN J R, VENTER O, MAXWELL S, et al, 2017. Recent increases in human pressure and forest loss threaten many natural world heritage sites[J]. Biological Conservation, 206：47-55.

ALVAREZ R, STEINBACH H S, 2009. A review of the effects of tillage systems on some soil physical properties, water content, nitrate availability and crops yield in the Argentine Pampas[J]. Soil & Tillage Research, 104(1)：1-15.

AN W, Li Z, SHUAI W, et al, 2017. Exploring the effects of the "grain for green" program on the differences in soil water in the semi-arid loess plateau of China[J]. Ecological Engineering, 107：144-151.

ALTMAN E I, 1968. Financial ratios, discriminant analysis and the prediction of corporate bankruptcy[J]. Journal of Finance, XXIII(4)：589-609.

BAZZAZ F A, 1983. Characteristics of populations in relation to disturbance in natural and man-modified ecosystems[M]. 44：259-275.

BERHANE T M, LANE C R, WU Q S, et al, 2018. Comparing pixel-and object-based approaches in effectively classifying wetland-dominated landscapes[J]. Remote Sens-Basel, 10(1)：46.

BEYNEN P V, TOWNSEND K, 2005. A disturbance index for karst environments[J]. Environmental Management, 36(1)：101-116.

BLIJ H D, MULLER P O, 1993. A physical geography of the global environment[M]. New York：John Wiley&Sons, Inc：1-300.

BULSINK F, HOEKSTRA A Y, BOOIJ M J, 2010. The water footprint of Indonesian provinces related to the consumption of crop products[J]. Hydrology and Earth System Sciences, 14：119-128.

BOARD M E A, 2005. Millenium ecosystem assessment-ecosystem and human well-being：Synthesis[J]. Physics Teacher, 34(1)：534-534.

BRADSHAW M, WEAVER R,1993. Physical geography：An introduction to earth environments[M]. Mosby-Year Book：20-35.

BROWN M T, VIVAS M B,2005. Landscape development intensity index[J]. Environmental monitoring and assessment,101：289-309.

BROWN M T, ODUM H T, 1992. Emergy synthesis perspectives, sustainable development and public policy options for papua new guinea[M]. University of Florida：1-50.

BRYAN B A, GAO L, YE Y, et al, 2018. China's response to a national land-system sustainability emergency [J]. Nature, 559(7713)：1-15.

CAO S, LI C, SHANKMAN D, et al, 2011. Excessive reliance on afforestation in China's arid and semi-arid regions：Lessons in ecological restoration[J]. Earth Science Reviews, 10(4)：240-245.

CHEN C, TAEJIN P, WANG X, et al, 2019. China and india lead in greening of the world through land-use management[J]. Nature Sustainability, 2: 122-129.

CHEN M Y, 1990. Uncertainty analysis and grey modeling[C]//International Symposium on Uncertainty Modeling & Analysis. Hoes Lane: IEEE Press (Institute of Electrical and Electronics Engineers).

CHEN S Y, ZHANG X Y, Pei D, et al, 2010. Effects of straw mulching on soil temperature, evaporation and yield of winter wheat: field experiments on the North China Plain[J]. Annals of Applied Biology, 150(3): 261-268.

CHEN Y, WANG P, ZHANG Z, et al, 2017. Rice yield development and the shrinking yield gaps in China, 1981-2008[J]. Regional Environmental Change, 17(4): 1-12.

CHI C, PARK T, WANG X, et al, 2018. China and india lead in greening of the world through land-use management[J]. Nature Sustainability, 559: 193-204.

CHOI S, YOON B, WOO H, 2005. Effects of dam-induced flow regime change on downstream river morphology and vegetation cover in the hwang river, Korea[J]. River Research and Applications, 21(2-3): 315-325.

CONG Z T, YANG D W, NI G H, 2008. Does evaporation paradox exist in China? [J] Hydrology and Earth System Sciences Discussions, 13(3): 357-366.

COSTA M H, BOTTA A, CARDILLE J A, 2003. Effects of large-scale changes in land cover on the discharge of the tocantins river, southeastern Amazonia[J]. Journal of Hydrology, 283(1-4): 206-217.

COSTANZA R, GROOT R D, BRAAT L, et al, 2017. Twenty years of ecosystem services: How far have we come and how far do we still need to go[J]. Ecosystem Services, 28: 1-16.

COSTANZA R, ARGE R, GROOT R D, et al, 1997. The value of the world's ecosystem services and natural capital[J]. Nature, 387: 253-260.

CTIC, 2002. Tillage type definitions[EB/OL]. 2002-01-12. https://www.ctic.org/ search/? keyword = Tillage%20type%20definitions.

DAILY G C, 1997. Nature's services: Societal dependence on natural ecosystems[M]. Washington: Island Press: 1-50.

DENG G, WANG L, SONG Y, 2015. Effect of variation of water-use efficiency on structure of virtual water trade-analysis based on input-output model[J]. Water Resources Management, 29(8): 2947-2965.

DENG L, SHANGGUAN Z P, RUI L I, 2012. Effects of the grain-for-green program on soil erosion in China [J]. International Journal of Sediment Research, 27(1): 120-127.

DENG X, SHI Q, ZHANG Q, et al, 2015. Impacts of land use and land cover changes on surface energy and water balance in the Heihe River Basin of China, 2000-2010[J]. Physics and Chemistry of the Earth, Parts A/B/C, 79-82: 2-10.

DIJK A, KEENAN R J, 2007. Planted forests and water in perspective[J]. Forest Ecology & Management, 251(1-2): 1-9.

DIMITRIOU E, ZACHARIAS I, 2010. Identifying microclimatic, hydrologic and land use impacts on a protected wetland area by using statistical models and GIS techniques[J]. Mathematical and Computer Modelling, 51(3): 200-205.

DODDS W K, PERKIN J S, GERKEN J E, 2013. Human impact on freshwater ecosystem services: A global perspective[J]. Environmental Science & Technology, 47(16): 9061-9068.

DU J, RUI H, ZUO T, et al, 2013. Hydrological simulation by swat model with fixed and varied parameterization approaches under land use change[J]. Water Resources Management, 27(8): 2823-2838.

EAGLESON P S, TELLERS T E, 1982. Ecological optimality in water-limited natural soil-vegetation systems: 2. Tests and applications[J]. Water Resources Research, 18(2): 341-354.

ELLIS E C, RAMANKUTTY N, 2008. Putting people in the map: Anthropogenic biomes of the world[J]. Frontiers in Ecology & the Environment, 6: 439-447.

ETTER A, MCALPINE C A, SEABROOK L, et al, 2011. Incorporating temporality and biophysical vulnerability to quantify the human spatial footprint on ecosystems [J]. Biological Conservation, 144 (5): 1585-1594.

FALKENMARK M, 1992. Water and mankind: A complex system of mutual interaction[J]. Organizational Behavior & Human Decision Processes, 52(1): 64-95.

FALKENMARK M, 1995. Coping with water scarcity under rapid population growth[R]. Pretoria: SADC Minsters:23-24

FALKENMARK M, 1997. Society's interaction with the water cycle: A conceptual framework for a more holistic approach[J]. International Association of Scientific Hydrology Bulletin, 42(4): 451-466.

FLANDROY L, POUTAHIDIS T, BERG G, et al, 2018. The impact of human activities and lifestyles on the interlinked microbiota and health of humans and of ecosystems[J]. Science of the Total Environment, 627: 1018-1038.

FOLEY J A, DEFRIES R, ASNER G P, et al, 2005. Global consequences of land use[J]. Science, 309 (5734): 570-574.

FOLKE C, CARPENTER S R, WALKER B, et al, 2010. Resilience thinking: Integrating resilience, adaptability and transformability[J]. Ecology and Society, 15(4): 20-29.

GARDNER G T, STERN P C, 1996. Environmental problems and human behavior[M]. Boston: llyn&Bacon: 1-20.

GE J, PITMAN A J, GUO W, et al, 2019. China's tree-planting could falter in a warming world[J]. Nature, 573(7775): 474.

GEORGANOS S, GRIPPA T, VANHUYSSE S, et al, 2018. Less is more: Optimizing classification performance through feature selection in a very-high-resolution remote sensing object-based urban application[J]. GIScience & Remote Sensing, 55(2): 221-242.

GERGELY J, MADARÁSZ B, SZABÓ J, et al, 2017. Infiltration and soil loss changes during the growing season under ploughing and conservation Tillage[J]. Sustainability, 9(10): 1726.

GILLIAN W, TROMBULAK S C, RAY J C,et al, 2008. Rescaling the human footprint: A tool for conservation planning at an ecoregional scale[J]. Landscape & Urban Planning, 87(1): 42-53.

GODRON M G, 1986. Landscape ecology[M]. New York: John Wiley and Sons: 1-28.

GRIGG N S, 1985. The human impact: Man's role in environmental change[J]. Environment International, 11: 483-484.

GRIME J P, 1979. Plant strategies and vegetation processes[J]. Biologia Plantarum, 23(4): 254-254.

GRIMM N B, FAETH S H, GOLUBIEWSKI N E, et al, 2008. Global change and the ecology of cities[J]. Science, 319(5864): 756-760.

GUNDERSON L H, HOLLING C S, 2003. Panarchy: Understanding transformations in human and natural systems[J]. Biological Conservation, 49(4): 308-309.

HALPERN B S,FRAZIER M,POTAPENKO J,et al,2015. Spatial and temporal changes in cumulative human impacts on the world's ocean[J]. Nature Communications,6:7615.

HALPERN B S, WALBRIDGE S, SELKOE K A, et al, 2008. A global map of human impact on marine ecosystems[J]. Science, 319(5865): 948-952.

HAN Z, CUI B, 2016. Development of an integrated stress index to determine multiple anthropogenic stresses on macrophyte biomass and richness in ponds[J]. Ecological Engineering, 90: 151-162.

HOEKSTRA A Y, CHAPAGAIN A K, 2007a. The water footprints of morocco and the netherlands: Global water use as a result of domestic consumption of agricultural commodities[J]. Ecological Economics, 64 (1): 143-151.

HOEKSTRA A Y, CHAPAGAIN A K, 2007b. Water footprints of nations: Water use by people as a function of their consumption pattern[J]. Water Resources Management, 21(1): 35-48.

HOWARD G S, 2000. Adapting human lifestyles for the 21st century[J]. American Psychologist, 55(5): 509.

HOLLING C S, 2005. From complex regions to complex worlds[J]. Ecology and Society, 9(1): 243-252.

HOWARD L, 2012. The climate of london, deduced from meteorological observations[M]. Cambridge : Cambridge University Press: 1-21.

HUANG H, CHENG S, WEN J, et al, 2010. Effect of growing watershed imperviousness on hydrograph parameters and peak discharge[J]. Hydrological Processes, 22: 2075-2085.

HUANG Y, REN W, GROVE G, et al, 2020. Assessing synergistic effects of no-tillage and cover crops on soil carbon dynamics in a long-term maize cropping system under climate change[J]. Agricultural and Forest Meteorology, 291(2): 108090.

IABCHOON S, WONGSAI S, CHANKON K, 2017. Mapping urban impervious surface using object-based image analysis with Worldview-3 satellite imagery[J]. Journal of Applied Remote Sensing, 11: 046015.

IMMERZEEL W W, LUTZ A F, ANDRADE M, et al, 2020. Importance and vulnerability of the world's water towers[J]. Nature, 577(7790): 364-369.

JALAS J, 1995. Hemerobe und hemerochore Pflanzenarten. Ein terminologischer Reformversuch[J]. Acta Societatis pro Fauna et Flora Fennica, 72(1): 1-15.

JENCSO K G, MCGLYNN B L, 2011. Hierarchical controls on runoff generation: Topographically driven hydrologic connectivity, geology, and vegetation[J]. Water Resources Research, 47(11): 1-14.

JIA L, DAN L, TAO W, et al, 2017. Grassland restoration reduces water yield in the headstream region of Yangtze River[J]. Scientific Reports, 7(1): 115-131.

KARAGIANNIS E, KOVACEVIC M, 2010. A method to calculate the jackknife variance estimator for the Gini coefficient[J]. Oxford Bulletin of Economics & Statistics, 62(1): 119-122.

KRAUSMANN F, ERB K H, GINGRICH S, et al, 2013. Global human appropriation of net primary production doubled in the 20th century[J]. Proceedings of the National Academy of Sciences of the United States of America, 110(25): 10324-10329.

KUEPPERS L M, SNYDER M A, 2012. Influence of irrigated agriculture on diurnal surface energy and water fluxes, surface climate, and atmospheric circulation in California [J]. Climate Dynamics, 38 (5): 1017-1029.

LAN C, LETTENMAIER D P, MATTHEUSSEN B V, et al, 2008. Hydrologic prediction for urban watersheds with the distributed hydrology-soil-vegetation model[J]. Hydrological Processes, 22(21): 1-9.

LENG G, 2017. Recent changes in county-level corn yield variability in the united states from observations and crop models[J]. Science of the Total Environment: 607-608,683-690.

LERNER D N, HARRIS B, 2009. The relationship between land use and groundwater resources and quality [J]. Land Use Policy, 26(S1): S265-S273.

LI Y, SONG X, WU Z, et al, 2015. An integrated methodology for quantitative assessment on impact of human activities on marine ecosystems: A case study in laizhou bay, China[J]. Oceanologia et Limnologia Sinica, 1: 133-133.

LIANG X, WANG Z, ZHANG Y, et al, 2016. No-tillage effects on N and P exports across a rice-planted watershed[J]. Environmental Science and Pollution Research, 23(9): 8598-8609.

LIAO l, QIN J, 2016. Ecologica security of wetland in Chang-Zhu-Tan Urban Agglomeration[J]. Journal of Geo-information Science, 18(9): 1217-1226.

LIU J, SHAO Q, YAN X, et al, 2016. The climatic impacts of land use and land cover change compared among countries[J]. Journal of Geographical Sciences, 26(7): 889-903.

LIU J, XU X, SHAO Q, 2008. Grassland degradation in the "Three-River Headwaters" region, Qinghai Province[J]. Journal of Geographical Sciences, 18(3): 259-273.

LIU L, JIANG L, WANG H, et al, 2020a. Estimation of glacier mass loss and its contribution to river runoff in the source region of the Yangtze River during 2000-2018[J]. Journal of Hydrology, 589: 125207.

LIU Y, SONG H, AN Z, et al, 2020b. Recent anthropogenic curtailing of Yellow River runoff and sediment load is unprecedented over the past 500 years[J]. Proceedings of the National Academy of Sciences of the United States of America, 117(31): 18251-18257.

LONG D, YANG W, SCANLON B R, et al, 2020. South-to-North Water Diversion stabilizing Beijing's groundwater levels[J]. Nature Communications, 11(1): 3665.

LU Z, WEI Y, XIAO H, et al, 2015. Trade-offs between midstream agricultural production and downstream ecological sustainability in the Heihe River Basin in the past half century[J]. Agricultural Water Management, 152(C): 233-242.

LUO K, 2021. Response of hydrological systems to the intensity of ecological engineering[J]. Journal of Environmental Management, 2021(296):113-173.

LUO K, MOIW J P, 2021. Comparison of two object-oriented technologies for detecting land use change[J]. Arabian Journal of Geosciences, 14(1): 1-14.

LUO K, TAO F, DENG X, et al, 2017. Changes in potential evapotranspiration and surface runoff in 1981-2010 and the driving factors in Upper Heihe River Basin in Northwest China[J]. Hydrological Processes, 31(1): 90-103.

LUO K, TAO F, MOIWO J P, et al, 2016a. Attribution of hydrological change in Heihe River Basin to climate and land use change in the past three decades[J]. Scientific Reports, 6: 33704

LUO K, TAO F, 2016b. Dynamics of green and blue water flows and their controlling factors in Heihe River Basin of northwestern China[J]. Hydrology & Earth System Sciences Discussions(2): 1-23.

MA L, LI M C, MA X X, et al, 2017. A review of supervised object-based land-cover image classification[J]. ISPRS Journal of Photogrammetry and Remote Sensing, 130: 277-293.

MACKEY R L, CURRIE D J, 2001. The diversity-disturbance relationship: Is it generally strong and peaked [J]. Ecology, 82(12): 3479-3492.

MAGALHÃES J L L, LOPES M A, 2015. Queiroz HLD. Development of a flooded forest anthropization index (FFAI) applied to Amazonian areas under pressure from different human activities[J]. Ecological Indicators, 48: 440-447.

MAGILLIGAN F J, NISLOW K H, GRABER B E, 2003. Scale-independent assessment of discharge reduction and riparian disconnectivity following flow regulation by dams[J]. Geology, 31(7): 569.

MAHMOUD S H, GAN T Y, 2018. Impact of anthropogenic climate change and human activities on environment and ecosystem services in arid regions[J]. Science of the Total Environment, 633: 1329-1344.

MANLEY G, 1958. On the frequency of snowfall in metropolitan England[J]. Quarterly Journal of the Royal Meteorological Society, 84(359): 70-72.

MARK T B, VIVAS M B, 2005. Landscape development intensity index[J]. Environmental Monitoring & Assessment, 101(1-3): 289.

MAXIMOV K T, 2010. Environmental factors controlling forest evapotranspiration and surface conductance on a multi-temporal scale in growing seasons of a Siberian larch forest[J]. Journal of Hydrology, 395(3-4): 180-189.

MEHRA P, KUMAR P, BOLAN N, et al, 2020. Changes in soil-pores and wheat root geometry due to strategic tillage in a no-tillage cropping system[J]. Soil Research, 59(1): 83-96.

MERRETT S, 1997. Introduction to the economics of water resources: An international perspective[M]. London: UCL Press: 1-25.

MITCHELL J P, SINGH P N, WALLENDER W W, et al, 2012. No-tillage and high-residue practices reduce soil water evaporation[J]. California Agriculture, 66(2): 55-61.

MITSCH W J, 2012. What is ecological engineering[J]. Ecological Engineering, 45(8): 5-12.

MITSCH W J, JORGENSEN S E, 2003. Ecological engineering: A field whose time has come[J]. Ecological Engineering, 20(5): 363-377.

MITSCH W J, JORGENSEN S E, 2004. Ecological engineering and ecosystem restoration[M]. New York: Wiley: 10-39.

MORIASI D N, ARNOLD J G, LIEW M W V, et al, 2007. Model evaluation guidelines for systematic quantification of accuracy in watershed simulations[J]. Transactions of the ASABE, 50: 885-900.

MTIBAA S, HOTTA N, IRIE M, 2017. Analysis of the efficacy and cost-effectiveness of best management practices for controlling sediment yield: A case study of the Joumine watershed, Tunisia[J]. Science of the Total Environment, 616-617:1-15.

NEARY D G, ICE G G, JACKSON C R, 2009. Linkages between forest soils and water quality and quantity [J]. Forest Ecology & Management, 258: 2269-2281.

NEITSCH S L, ARNPLD J G, KINIRY J R, et al, 2011. Soil and water assessment tool: Theoretical documentation version 2009[M]. Texas: Texas Water Resources Institute:1-200.

NEWBOLD T, HUDSON L N, ARNELL A P, et al, 2016. Has land use pushed terrestrial biodiversity beyond the planetary boundary? A global assessment[J]. Science, 353(6296): 91-288.

NOTTER B, HURNI H, WIESMANN U, et al, 2012. Modelling water provision as an ecosystem service in a large east African River Basin[J]. Hydrology and Earth System Sciences, 16(4): 69-86.

OSCAR V, SANDERSON E W, AINHOA M, et al, 2016. Sixteen years of change in the global terrestrial human footprint and implications for biodiversity conservation[J]. Nature Communications, 7: 12558.

OSKAMP S, 2000. A sustainable future for humanity? How can psychology help[J]. American Psychologist, 55(5): 496.

OUYANG Z, HUA Z, YANG X, et al, 2016. Improvements in ecosystem services from investments in natural capital[J]. Science, 352(6292): 1455-1459.

PADRÓN R S, GUDMUNDSSON L, DECHARME B, et al, 2020. Observed changes in dry-season water availability attributed to human-induced climate change[J]. Nature Geoscience, 13(7): 477-481.

PAWLIK K, 1991. The psychology of global environmental change: Some basic data and an agenda for cooperative international research[J]. International Journal of Psychology, 26(5): 547-563.

PENG J D, LIAO Y F, JIANG Y H, et al, 2017. Construction of the homogenized temperature series during 1910-2014 and its changes in Hunan Province[J]. Journal of Geographical Sciences, 27(3): 297-310.

PENG Z, WANG L, XIE J, et al, 2020. Conservation tillage increases yield and precipitation use efficiency of wheat on the semi-arid Loess Plateau of China[J]. Agricultural Water Management, 231: 106024-106024.

PIAO S, CIAIS P, HUANG Y, et al, 2010. The impacts of climate change on water resources and agriculture in China[J]. Nature, 467(43-51): 43-51.

PIAO S, FRIEDLINGSTEIN P, CIAIS P, et al, 2007. Changes in climate and land use have a larger direct impact than rising CO_2 on global river runoff trends[J]. Proceedings of the National Academy of Sciences of the United States of America, 104(39): 15242-15247.

PICKETT S, WHITE P S, 1985. The ecology of natural disturbance and patch dynamics[J]. Science, 230 (4724): 434-435.

PITTELKOW C M, LIANG X, LINQUIST B A, et al, 2015. Productivity limits and potentials of the principles of conservation agriculture[J]. Nature, 517(7534): 365.

REISS K C, BROWN M T, LANE C R, 2010. Characteristic community structure of Florida's subtropical wetlands: The Florida wetland condition index for depressional marshes, depressional forested, and flowing water forested wetlands[J]. Wetlands Ecology & Management, 18(5): 543-556.

RODRIGUEZ-ITURBE I, 2000. Ecohydrology: A hydrologic perspective of climate-soil-vegetation dynamics [J]. Water Resources Research, 36(1): 3-9.

ROTH D, MORENO-SANCHEZ R, TORRES-ROJO J M, et al, 2016. Estimation of human induced disturbance of the environment associated with 2002, 2008 and 2013 land use/cover patterns in Mexico[J]. Applied Geography, 66: 22-34.

SANDERSON E W, JAITEH M, LEVY M A, et al, 2002. The human footprint and the last of the wild the human footprint is a global map of human influence on the land surface, which suggests that human beings are stewards of nature, whether we like it or not[J]. BioScience, 52(10): 891-904.

SENEVIRATNE S I, LüTHI D, LITSCHI M, et al, 2006. Land-atmosphere coupling and climate change in Europe[J]. Nature, 443(7108): 205-209.

SHANG Z, LONG R, 2007. Formation causes and recovery of the "black soil type" degraded alpine grassland in Qinghai-Tibetan Plateau[J]. Frontiers of Agriculture in China, 1(2): 197-202.

SHI K, HUANG C, CHEN Y, et al, 2018. Remotely sensed nighttime lights reveal increasing human activities in protected areas of China mainland[J]. Remote Sensing Letter, 9(5): 468-477.

SHIVHARE N, DIKSHIT P K S, DWIVEDI S B, 2018. A comparison of swat model calibration techniques for hydrological modeling in the Ganga River Watershed[J]. Engineering, 4(5): 643-652.

SIVAPALAN M, SAVENIJE H H G, 2012. Blöschl G. Socio-hydrology: A new science of people and water [J]. Hydrological Processes, 26(8): 1-7.

SOUSA W P, 1984. The role of disturbance in natural communities[J]. Annual Review of Ecology & Systematics, 15(1): 353-391.

STACHOWITSCH M, 2003. Research on intact marine ecosystems: A lost era[J]. Marine Pollution Bulletin, 46(7): 801-805.

STEFFEN W, BROADGATE W, DEUTSCH L M, et al, 2015. The trajectory of the anthropocene: The great acceleration[J]. Anthropocene Review, 2(1): 81-89.

STERLING S M, DUCHARNE A, POLCHER J, 2013. The impact of global land-cover change on the terrestrial water cycle[J]. Nature Climate Change, 3(4): 385-390.

STERN P C, 2000. Psychology and the science of human-environment interactions[J]. Am Psychol, 55: 523-530.

SU C, FU B, LÜ Y, et al, 2012. Ecosystem management based on ecosystem services and human activities: A case study in the Yanhe watershed[J]. Sustainability Science, 7(1): 17-32.

SUN P, WUA Y, YANG Z, et al, 2019. Can the grain-for-green program really ensure a low sediment load on the Chinese loess plateau[J]. Engineering, 5(5): 855-864.

TAKUMI T, HISATERU O, KATSUHIKO O, et al, 2012. Geographical distribution of radiotherapy resources in Japan: Investigating the inequitable distribution of human resources by using the Gini coefficient[J]. Journal of Radiation Research, 53(3): 489-491.

TAN M, LI X, 2015. Does the green great wall effectively decrease dust storm intensity in China? A study based on NOAA NDVI and weather station data[J]. Land Use Policy, 43: 42-47.

TAPIA-ARMIJOS M F, HOMEIER J, MUNT D D, 2017. Spatio-temporal analysis of the human footprint in south ecuador: Influence of human pressure on ecosystems and effectiveness of protected areas[J]. Applied Geography, 78(1): 22-32.

TOWNSEND A R, HOWARTH R W, BAZZAZ F A, et al, 2003. Human health effects of a changing global nitrogen cycle[J]. Frontiers in Ecology and the Environment, 1(5): 240-246.

TULLOCH V J, TULLOCH A I, VISCONTI P, et al, 2016. Why do we map threats? Linking threat mapping with actions to make better conservation decisions[J]. Frontiers in Ecology & the Environment, 13 (2): 91-99.

VAN B P, TOWNSEND K, 2005. A disturbance index for karst environments[J]. Environmental Management, 36(1): 101-116.

VEITH M, ANDRES K, FABER S, et al, 2003. The metastable, glasslike solid-state phase of halo and its transformation to $AL/AL2O_3$ using a CO_2 laser[J]. European Journal of Inorganic Chemistry(24): 4387-4393.

VENTER O, SANDERSON E W, MAGRACH A, et al, 2016. Sixteen years of change in the global terrestrial human footprint and implications for biodiversity conservation [J]. Nature Communications, 7 (1):12558.

VIEHWEGER A, RIFFERT T, DHITAL B, et al, 2014. The Gini coefficient: A methodological pilot study to assess fetal brain development employing postmortem diffusion MRI[J]. Pediatric Radiology, 44(10): 1290-1301.

VITOUSEK P M, MOONEY H A, LUBCHENCO J, et al, 2008. Human domination of earth's ecosystems [J]. Science, 277(5325): 494-499.

VIVAS M B, 2007. Development of an index of landscape development intensity for predicting the ecological condition of aquatic and small isolated palustrine wetland systems in Florida[M]. Gainesville: University of Florida: 1-300.

WAGENER T, SIVAPALAN M, TROCH P A, et al, 2010. The future of hydrology: An evolving science for a changing world[J]. Water Resources Research, 46(5): W05301.

WANG J, LÜ G, GUO X, et al, 2015. Conservation tillage and optimized fertilization reduce winter runoff losses of nitrogen and phosphorus from farmland in the Chaohu Lake region, China[J]. Nutrient Cycling in Agroecosystems, 101(1): 93-106.

WANG K, DICKINSON R E, 2012. A review of global terrestrial evapotranspiration: Observation, modeling, climatology, and climatic variability[J]. Reviews of Geophysics, 50(2): 1-54.

WANG S, FU B, PIAO S, et al, 2015. Reduced sediment transport in the Yellow River due to anthropogenic changes[J]. Nature Geoscience, 9(1): 38-41.

WANG S, MCVICAR T R, ZHANG Z, et al, 2020. Globally partitioning the simultaneous impacts of climate-induced and human-induced changes on catchment streamflow: A review and meta-analysis[J]. Journal of Hydrology, 590: 125387.

WANG Y, BONELL M, FEGER KH, et al, 2012. Changing forestry policy by integrating water aspects into forest/vegetation restoration in dryland areas in China[J]. Bulletin of the Chinese Academy of Sciences, 26(1): 59-67.

WANG Y, YU P, WEI X, et al, 2010. Water-yield reduction after afforestation and related processes in the semiarid Liupan Mountains, northwest China[J]. Jawra Journal of the American Water Resources Association, 44(5): 1086-1097.

WALKER B H, ANDERIES J M, KINZIG A P, et al, 2006. Exploring resilience in social-ecological systems through comparative studies and theory development: Introduction to the special issue[J]. Ecology and Society, 11(1): 12-17.

WEI X, ZHANG M, 2011. Research methods for assessing the impacts of forest disturbance on hydrology at large-scale watersheds[M]. New York: Springer Publishing Company: 1-403.

WIGMOSTA M S, VAIL L W, LETTENMAIER D P, 1994. A distributed hydrology-vegetation model for complex terrain[J]. Water Resources Research, 30(6): 1665-1679.

WILSON E O, 1992. The diversity of life[M]. New York: Norton:1-50.

WOOLMER G,TROMBULAK S C,RAY J C,et al, 2008. Rescaling the human footprint: a tool for conservation planning at an ecoregional scale[J]. Landscape and Urban Planning,87(1): 42-53.

WU M Q, ZHANG X Y, HUANG W J, et al, 2015. Reconstruction of daily 30 m data from HJ-CCD, GF-1 WFV, Landsat, and MODIS data for crop monitoring[J]. Remote Sens-Basel, 7(12): 16293-16314.

WU X, SHI W, GUO B, et al, 2020. Large spatial variations in the distributions of and factors affecting forest water retention capacity in China[J]. Ecological Indicators, 113: 106152.

XIAN G, HOMER C, FRY J, 2009. Updating the 2001 national land cover database land cover classification to 2006 by using landsat imagery change detection methods[J]. Remote Sensing of Environment, 113(6): 1133-1147.

XIAO L, ZHAO R, KUHN N J, 2020. No tillage is not an ideal management for water erosion control in China[J]. Science of The Total Environment, 736:139478.

XU W, XIAO Y, ZHANG J, et al, 2017. Strengthening protected areas for biodiversity and ecosystem services in China[J]. Proceedings of the National Academy of Sciences of the United States of America, 114 (7): 1601.

YAO Y, LIANG S, JIE C, et al, 2014. Impacts of deforestation and climate variability on terrestrial evapotranspiration in subarctic China[J]. Forests, 5(10): 2542-2560.

YANG H, YANG D, 2012. Climatic factors influencing changing pan evaporation across china from 1961 to 2001[J]. Journal of Hydrology (S414-415): 184-193

YI S, WAN J, YANG S, et al, 2016. Influences of water conservancy and hydropower projects on runoff in Qingjiang River Upstream Basin[J]. Journal of Earth Science, 18(1): 110-116.

YOO S H, KIM T, IM J B, et al, 2012. Estimation of the international virtual water flow of grain crop products in Korea[J]. Paddy & Water Environment, 10(2): 83-93.

YU P, KRYSANOVA V, WANG Y, et al, 2009. Quantitative estimate of water yield reduction caused by forestation in a water-limited area in northwest China[J]. Geophysical Research Letters, 36(2): 1-6.

YU W J, ZHOU W Q, QIAN Y G, et al, 2016. A new approach for land cover classification and change analysis: Integrating backdating and an object-based method[J]. Remote Sensing of Environment, 177: 37-47.

YUAN X, WANG L, WU P, et al, 2019. Anthropogenic shift towards higher risk of flash drought over China [J]. Nature Communications, 10(1): 4661.

ZASTROW M, 2019. China's tree-planting drive could falter in a warming world[J]. Nature, 573(7775): 474-475.

ZHANG L, FAN J, ZHOU D, et al, 2017. Ecological protection and restoration program reduced grazing pressure in the Three-River Headwaters Region, China[J]. Rangeland Ecology & Management, 70(5):

540-548.

ZHANG Y, LIU G, HUANG W, et al, 2020. Effects of irrigation regimes on yield and quality of upland rice and paddy rice and their interaction with nitrogen rates [J]. Agricultural Water Management (241): 106344.

ZHANG Y, ZHANG S, ZHAI X, et al, 2012. Runoff variation and its response to climate change in the Three Rivers Source Region[J]. Journal of Geographical Sciences, 22(5): 781-794.

ZHANG Z, CHEN Y, WANG P, et al, 2014. River discharge, land use change, and surface water quality in the Xiangjiang River, China[J]. Hydrological Processes, 28(13): 4130-4140.

ZHAO M, GERUO A, ZHANG J, et al, 2020. Ecological restoration impact on total terrestrial water storage [J]. Nature Sustainability, 4(1): 56-62.

ZHAO N, 2014. The total investment of the second phase of the ecological construction project in Sanjiangyuan is 16 billion yuan, and the vegetation coverage rate should be increased by 25%-30%[J]. Resources Environment Inhabitant(30): 48-48.

ZHAO X, LIU J, LIU Q, et al, 2015. Physical and virtual water transfers for regional water stress alleviation in China[J]. Proceedings of the National Academy of Sciences of the United States of America, 112(4): 1031-1035.

ZHOU G, WEI X, CHEN X, et al, 2015. Global pattern for the effect of climate and land cover on water yield [J]. Nature Communications(6): 40.

ZHOU G, WEI X, YAN J, 2002. Impacts of eucalyptus (eucalyptus exserta) plantation on sediment yield in Guangdong Province, Southern China-a kinetic energy approach[J]. Catena, 49(3): 231-251.